유별난 호모 사피엔스

발행일 2017년 01월 31일 발행인 오덕성 지은이 이영호
편낸곳 궁미디어(충남대학교출판문화원) 주소 대전광역시 유성구 대학로 99
전화 042-821-6045 홈페이지 www.cnupress.co.kr E-mail cnupress@cnu.ac.kr

ISBN 978-89-7599-609-2 03510
정가 15,000원

유별난 호모 사피엔스

사람이 다른 동물에 비해 특이한 몸을 가지고 있는 이유를
진화해부학적으로 살펴본 이야기

이영호

궁미디어
GUNGMEDIA

사람은 몸의 구조가 다른 동물과 달리 매우 특이함에도 불구하고 그 사실을 잘 인지하고 못하고 있다. 더욱이 사람의 몸 구조가 다른 동물에 비해 우월하다고까지 생각하고 있다. 특히 뇌의 발달과 이에 따른 이점으로 생태계에서 최상위에 위치할 수 있게 되어 다른 동물보다 '진보적' 진화가 이루어졌다고 믿는 사람들이 많다. 사람이 다른 동물보다 못나지 않고 잘났다고 생각하는 것이 문제가 될 것은 없다. 그러나 이러한 판단은 우리의 주관적인 편견에 불과할 수도 있다. 이 책에서는 사람의 몸 생김새가 왜 유별나게 되었는지 살펴보아 그 진화적 의미가 무엇이며 다른 동물보다 정말 우월한지 생각해 볼 것이다.

필자는 1970년대 후반에 의과대학에 들어갔다. 의과대학 학생 때 우연히 데즈먼드 모리스가 쓴 〈털 없는 원숭이〉를 읽고 큰 감명과 충격을 받았다. 다른 동물들은 몸의 보호에 필요한 털을 다 가지고 있는데 유독 사람은 그 털을 벗어던졌다는 것이다. 왜 사람의 몸에서 털이 없어지게 되었는지 관심을 가지게 되었고, 이것이 계기가 되어 사람의 몸의 구조를 가르치고 연구하는 의과대학 해부학 교수가 되는 길을 걷게 되었으며, 지금은 주로 사람의 털과 관련된 연구를 하고 있다.

의과대학 해부학 교수가 된 다음 학생들에게 사람 몸의 구조 즉 해부학을 가르치면서 사람의 몸이 너무나 유별나고 심지어 이해하기 힘든 생김새임을 알게 되었다. 수유기가 아닌데도 부풀어 있는 젖가슴, 자르지 않으면 불편하게 자라는 머리털, 동물에게 중요한 배란 신호의 은폐 등은 일반 생물학적 이론으로는 풀릴 수 있는 문제가 아니고, 진화학적 시각에서 바라봐야 해결될 수 있음을 알았다. 늦기는 하였지만 진화학에 대해 관심을 가지고 공부를 하게 되었고, 최근에는 학생들에게 해부학뿐만 아니라 진화학도 가르치고 있다.

우리 인간이 어떤 존재인지 아는 것은 매우 중요한 문제이다. 우리가 어떤 존재인지 알기 위해서 생물학적인 것은 물론, 철학적으로, 예술적으로, 심리학적으로, 사회학적으로 등 다양한 각도에서 바라봐야 할 것이지만, 이 책에서는 사람이 어떻게 생겼고, 다른 동물과는 어떤 구조적 차이가 있고 이것이 의미하는 바가 무엇이지 진화학적인 시각에서 해석해 보고자 한다. 이 책이 어떤 분야의 책이냐고 묻는다면 '사람의 진화해부학(evolutionary anatomy)'이라고 답할 수 있겠다. 최근의 생명과학은 분자생물학의 발달과 더불어 유전학 등의 최신 학문의 발전하여 진화의 과학적 해석이 명료해지고 있다. 이 책에서 진화와 관련된 해부학적인 변화양상의 근간이 되는 유전자(gene)와 관련된 내용도 다루었다.

책의 제목에 '유별난'이라는 말을 사람에게 붙였다. '유별나다'는 뜻은 보통과 다르다는 의미이다. 사람의 모습이나 행동이 다른 동물과는 매우 다르다는 사실은 대부분의 사람들이 알고 있는 사실일 것이다. 그러나 사람들은 우리가 어떤 점이 유별난지 구체적으로 잘 모르며, 우리가 우리 자신에게 붙인 별명인 '만물의 영장'이 과연 합당한 것인지도 되돌아 볼 필요가 있다.

1부(이목구비에 숨겨진 비밀)에서는 사람의 머리에 있는 여러 기관이 다른 동물과는 다른 진화의 과정을 거쳤다는 것에 관한 것이다. 2부(섹시한 호모 사피엔스)에서는 사람은 다른 동물에 비해 섹시하고 색을 밝히는 경향이 있는데 왜 그렇게 되었는지 살펴보았다. 3부(희한한 사람의 피부와 털)에서는 다른 동물에 비해 유독 다른 양상으로 진화한 피부와 털에 관한 이야기이다. 마지막으로 4부(호모 사피엔스의 환희와 비애)에서는 유별나게 진화한 사람이 얻은 것은 무엇이고 잃은 것은 무엇인지 알아보았다.

출판하는 데 있어 많은 의견과 조언을 주신 중앙대학교 생명과학과 한윤수 교수님, 책에 필요한 도표와 그림을 그려준 충남대학교 의과대학 해부학교실 신효정 조교와 충남대학교 창의디자인학과 최소영 학생, 글을 많이 다듬어 준 충남대학교 대학원 국어국문학과 이정은 학생에게 감사드린다.

이 책을 통하여 우리 인간이 어떤 존재인가를 아는 데 조금이나마 도움이 되어 삶에 보탬이 되기를 바라며 이야기를 시작하고자 한다.

충남의대 해부학교실 연구실에서

2017년 1월 이영호

제1부 | 이목구비(耳目口鼻)에 숨겨진 비밀

제2부 | 섹시한 호모 사피엔스

제3부 | 희한한 사람의 피부와 털

제4부 | 호모 사피엔스의 환희와 비애

1부

유별난
호모
사피엔스

이목구비(耳目口鼻)에 숨겨진 비밀

…. 여노의 이목구비 하나하나를 요모조모 뜯어 살피며 그는 은근한 감탄을 했다. 눈은 둘이요 코는 하나였다. 입도 하나요 귀는 둘이었다… (중략)… 얼굴을 이룬 이목구비 개개의 것들이 서로 긴밀히 협조하고 단결하여 주인의 미를 한층 돋보이도록 경쟁하고 있는 듯했다. 그중 인상적인 것이 눈이었다. ….

윤흥길의 〈황혼의 집〉 중

| 1부 | 이목구비(耳目口鼻)에 숨겨진 비밀

눈에 반사판이 없는 호모 사피엔스

동물에게 있어서 눈은 매우 중요한 기관이다. 후각이나 청각도 중요하지만 이 신호들보다 먹을거리나 적을 인지하는 데 가장 효율적인 기관이다. 진화 초기에는 빛을 감지하는 색소세포에서 시작되어 초점을 맞출 수 있는 수정체까지 갖춘 복잡하고 정교한 눈으로 발전하였다. 사람의 눈은 여러 가지 진화의 비밀을 간직하고 있다. 먼저 우리의 조상들이 어떻게 살았는지 보여주는 눈의 비밀을 살펴보자.

우리는 야심한 밤에도 잘 돌아다니고 밤을 무서워하지 않는다. 그러나 우리 조상들은 밤을 무서워하여 밤에 돌아다니기를 포기했었던 기나긴 시절이 있었다고 하면 수긍이 가겠는가? 요즈음 사람들은 특히 젊은이들은 밤늦게까지 잘도 돌아다니는데 무슨 소리인지 의아해 할 수 있다. 진화해부학적으로 눈을 살펴보면 우리의 조상들이 밤을 무서워했던 확실한 증거가 눈에 남아있다. 다른 동물들과 눈의 구조를 자세히 비교해 보면 알 수 있는 사실이다.

눈의 빛을 지각하는 세포들에는 망막에 막대세포(rod cells)와 원추세포(cone cells)가 있다. 막대세포에는 로돕신(rhodopsin)이라는 색소가 들어있는데 빛을 받으면 전기신호가 발생되고 뇌로 전달되어 빛을 인식하게 된다. 원추세포는 막대세포와는 달리 색깔을 인식하는 역할을 한다. 대부분의 동물들은 눈에 망막과 맥락막 사이에 있는 '반사판(tapetum lucidum)'이라는 구조물이 있는 데 반하여 사람에게는 없다. 이 반사판은 망막 뒤쪽에 위치하여 눈으로 들어오는 빛을 반사시켜 어두운 곳에서 잘 볼 수 있게 해 준다. 따라서 반사판이 있다는 것은 야행성(nocturnal) 동물임을 말해주는 것이다.

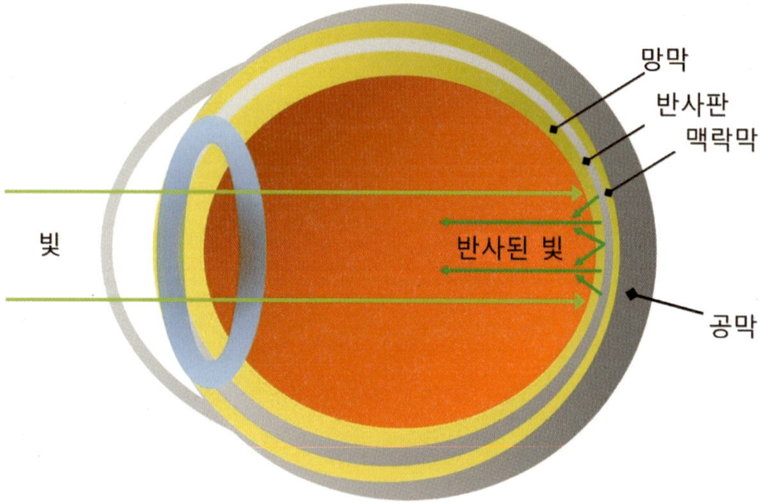

야행성인 동물은 망막과 맥락막 사이에 반사판이 있어 빛이 들어오면 반사판에서 빛이 반사되어 눈이 빛나게 된다. 반면에 사람은 반사판이 없어 빛이 들어가도 눈이 빛나지 않는다.

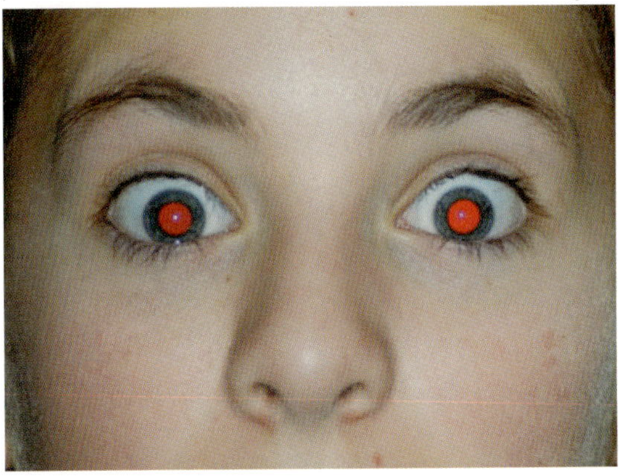

(위쪽) 고양이의 눈에 빛을 비추면 반사판에 의해 빛이 반사되어 눈이 빛난다. (아래쪽) 카메라 플래시를 이용하여 사진을 찍을 경우 사람은 반사판이 없지만 맥락막을 지나 공막에 일부 빛이 반사되어 사진에서 동공이 붉게 보이는 붉은 눈(red eye) 현상이 나타난다. 고양이 눈이 반짝이는 것과 사람의 눈이 사진에서 붉게 보이는 것이 비슷한 것 같지만, 자세히 살펴보면 해부학적으로 상당한 차이가 있다.

밤에 고양이 같은 동물의 눈에 빛을 비추면 빛이 반사판에 반사되어 눈이 반짝반짝 빛나는 것처럼 보인다. 그러나 사람은 밤에 눈에 빛을 비추어도 반사판이 없어 빛나지 않는다. 대신 다른 동물과는 다른 현상이 나타난다. 사람들이 카메라 플래시로 빛을 비추면서 사진을 찍을 경우 '붉은 눈(red eye)'의 사진이 찍히는 경우가 있다. 이는 사람에게서 반사판이 없기 때문에 카메라의 빛이 망막을 지나 혈관이 많이 존재하는 맥락막(choroid) 층까지 들어갔다 나와 동공이 붉게 보이는 것이다.

이와 같이 사람의 눈은 낮에 돌아다니는 데 적합한 눈을 가지고 있으며 밤에 활동하기에는 부적합한 눈을 가지고 있다. 즉 사람은 야행성(nocturnal) 동물이 아니라 지극히 주행성(diurnal) 동물이라는 것이다. 그래도 우리 조상들은 최소한의 암순응을 통하여 야간에도 볼 수 있는 시각(night vision)은 가지고 있다. 이는 다른 많은 동물들이 야행성으로 밤에도 먹이를 찾아 돌아다니기 때문에 우리 조상들은 전형적인 주행성 동물이지만 다른 야행성 동물로부터 벗어나 살아남기 위해 야간시력이 완전히 없어지지는 않았다. 사람에게서 선천적인 야맹증이 드문 것은 이러한 최소한의 야간시력은 유지되어야 살아남았을 것이기 때문이다.

그렇다면 우리와 계통발생학적으로 가까운 원숭이 나아가 침팬지, 오랑우탄, 고릴라 같은 유인원은 눈에 반사판이 존재할까? 대부분은 원숭이와 유인원은 반사판을 가지고 있지 않다. 주로 숲 즉 나무 위에서 사는 동물은 주로 열매를 먹고 산다. 밤에 땅 위로 내려오는 것은 위험천만한 일이었을 것이다. 호모 사피엔스 이전의 영장류 시절부터 주행성인 동물로 진화를 한 것이다.

반면에 육식동물 특히 맹수들은 땅 위에서 낮이건 밤이건 무서울 것이 없어 밤에도 먹이 사냥을 위해 돌아다닐 수 있었기 때문에 이를 위해 눈의 반사판이 발달하게 되었다. 특이한 점은 이들 육식동물은 사람과 달리 칼라를 보지 못한다는 것이다 ('사람의 먼 조상은 두더지류이었다' 장에서 다룰 것임). 예를 들어 고양이 같은 동물은 밤에 돌아다니는 먹잇감이 파랑

쥐인지 빨간 쥐인지 아무 상관이 없다. 단지 눈의 반사판까지 동원하여 앞에 있는 먹잇감의 형체가 먹잇감으로 판단되는 쥐 모양이면 그만인 것이다.

많은 야행성 동물이 낮에도 많이 활동하기도 한다. 그렇다면 야행성 동물이 강한 햇빛이 있으면 눈에 문제가 생기지 않을까? 야행성 동물이 눈동자가 커지기는 하였지만 눈동자 각막의 바로 뒤에는 카메라 조리개 같은 홍채(iris)가 있다. 야행성 동물은 햇빛이 강하면 홍채의 동공을 작게 하는 근육(동공조임근)을 수축시켜 사람처럼 동공을 작게 할 수 있어 문제가 생기지 않는다.

우리 조상은 사자나 호랑이처럼 강한 힘을 가지지 못한 연약한 동물이었기 때문에 밤에는 나돌아다닐 수 없었다. 불을 발견하기 전까지는 밤이 되면 할 수 있는 일이라고는 '잠(sleep)'을 자는 일밖에 없었을 것이다. 이제는 과학의 발전으로 전기를 생산하고 이를 이용하여 밤을 대낮같이 밝게 할 수 있게 되어 사람들은 이전처럼 밤을 무서워하지 않게 되었다.

우리 조상들이 숲에서 내려와 땅에서 살게 되었는데 다른 육상 동물처럼 왜 눈에 반사판이 있는 쪽으로 진화를 하지 않았을까? 우리의 조상이 숲에서 살면서 나무 열매 등의 색깔이 구분이 중요했기 때문에 색깔을 구분하는 데에는 도움이 되지 않는 반사판은 영장류 시절부터 불필요하였다. 우리 조상이 땅에 내려와 살게 되었지만 다른 동물들을 잡아먹을 수 있는 힘이나 민첩성이 부족하여 육식보다는 채식 위주의 식사를 할 수밖에 없었다. 따라서 색깔을 구분할 수 있는 눈에 적합한 눈이 필요하였다. 즉 눈의 반사판은 중요하지 않게 된 것이다.

우리 사람의 눈만 가지고 보면 현재 우리의 눈은 맹수들이 우글거리는 땅이 아니라 나무 위에서 생활하기에 적합한 눈을 아직도 가지고 있다. 호모 사피엔스의 보금자리라 할 수 있는 숲에서 살지 못하고 주로 땅으로 이루어진 사바나 초원에서 살게 되면서 사람의 유별난 고난의 진화 역사가 시작되었다. 포유류인 하마가 강가에서 놀다 바다로 가게 되어 고래가 되었다. 포유류이지만 물고기처럼 지느러미를 가지게 된 고래의 특이한 진화 역사와 사람의 진화 과정은 일맥상통한다.

사람 눈에는 왜 흰자위가 있을까?

땅에서 사는 동물과 하늘을 날아다니는 새들도 눈에서 눈동자(투명한 각막과 홍채)만 주로 보이고 주변의 불투명한 공막은 거의 보이지 않는다. 그러나 사람은 눈동자 양 옆으로 흰색 또는 옅은 회색의 공막이 잘 보인다. 즉 사람은 뚜렷한 흰자위가 있다는 것이다. 사람에게 이 흰자위가 있다는 사실이 의미하는 것은 무엇일까?

대부분 동물들의 안구(눈알, eyeball)는 동그랗지만, 눈꺼풀 등의 피부에 덮여있지 않아 보이는 부분은 사람은 옆으로 눈꼬리가 있어 럭비공 모양을 하고 있다. 사람 눈을 자세히 살펴보면 한가운데에 눈동자(홍채)가 있고 그 눈동자의 중앙에는 빛이 눈 속으로 들어가는 동공이 있다. 눈동자 양 옆으로는 흰자위가 있다.

사람의 눈에서 흰자위가 많이 보이는 이유에 대한 최근의 이론을 살펴보자. 눈의 흰자위는 사람 간의 의사소통을 위해 즉 상대방이 보는 방향을 알 수 있게 하는 것이 주된 이유라고 제시되고 있다. 다른 이론으로는 아주 맑고 깨끗한 흰자위를 가진 사람은 건강함을 보여주어 상대방에게 매력을 주므로 발달하게 되었다는 주장도 있다. 사람은 언어가 발달하여 의사소통을 원활하게 할 수 있으며, 손짓, 발짓 및 얼굴에 있는 근육을 이용한 표정 등 다양한 의사소통 방법을 동원한다. 과연 눈동자까지 의사소통에 필요한지 다시 검토해 볼 필요가 있다. 또한 흰자위가 건강의 증표라면 다른 동물들도 사람처럼 잘 눈에 띠는 흰자위를 가지고 있는 동물이 있어야 하는데 거의 찾아볼 수 없는 이유는 무엇일까?

사람의 눈동자(각막)는 안구 전체에서 차지하는 비율이 7%에 불과하지만, 대부분의 동물들은 이 비율이 낮으며, 가축은 눈동자가 차지하는 비율이 50%에 가까운 정도이다. 대부분의 동물에 비해 각막(cornea)이 눈에서 차지하는 비율이 낮으며, 다른 동물에 비해 각막 즉 눈동자가 덜 튀어나와 있다. 이러한 사실이 사람에게서 흰자위가 보이는 이유를 뒷받침 해주는 해부학적 증거이다.

그렇다면 사람의 눈동자가 차지하는 비율이 왜 적은 것일까? 눈동자 즉 투명한 각막은 많은 빛을 눈에 들어오게 할 수 있어 밤에 활동하는 야행성 동물에 유용하다. 개나 고양이 등 대부분의 동물들은 야행성 동물이기 때문에 사람보다 상대적으로 큰 눈동자를 가지고 있다. 여기서 야행성이라는 의미는 앞장에서 살펴본 눈의 반사판이 있으면, 즉 밤에도 활동하는데 문제가 없는 눈을 가지고 있으면, 야행성이라고 하였다. 이에 반해 사람이나 영장류는 눈에 반사판이 없기 때문에 확실한 주행성 동물이며, 많은 빛을 통과시키는 눈동자(투명한 각막)는 클 필요가 없으며 오히려 강렬한 햇볕 아래에서 돌아다니기에는 눈동자가 작아 과도한 빛이 눈에 들어오는 것을 줄이는 것이 유리하였다.

여기서 한 가지 짚고 넘어가야 할 것이 있다. 새(조류) 중에는 주행성인 것도 있고 야행성인 것도 있다. 대표적으로 야행성인 올빼미는 눈에 반사판을 가지고 있고 주행성인 타조는 눈에 반사판이 없다. 그러나 타조는 자신의뇌보다도 큰 눈을 가지고 있으며 사람보다 훨씬 좋은 시력을 가지고 있다. 타조가 주행성임에도 불구하고 전체적으로 눈이 커서 흰자위가 잘 보이지 않는 것은 어떻게 설명할 것인가?

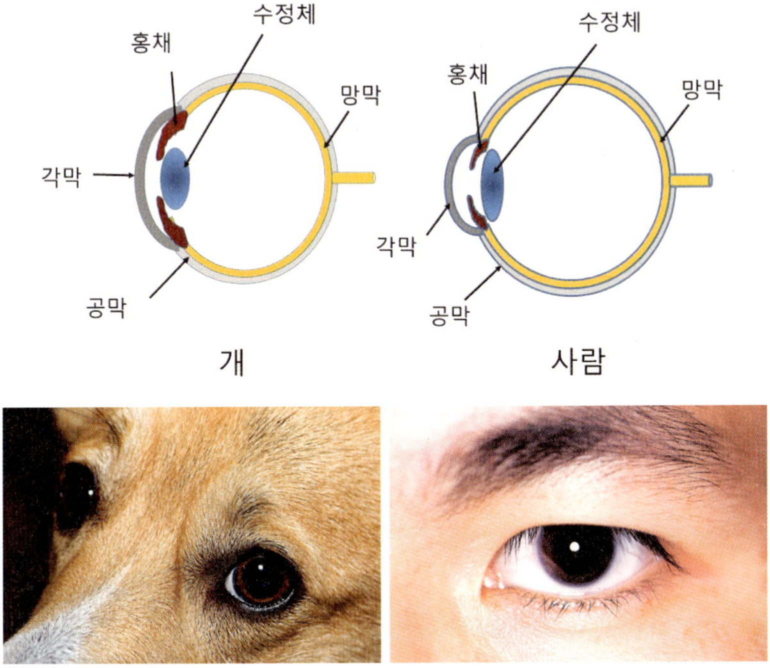

(위쪽) 사람은 눈동자를 이루는 투명한 각막과 색깔이 있는 홍채의 부분이 개에 비해 상대적으로 적다. (아래쪽) 사람의 눈동자는 작아서 흰자위가 많이 보이고, 개의 눈동자는 커서 정면을 응시하고 있으면 흰자위가 거의 보이지 않는다.

새가 살아남기 위해서는 시력이 매우 좋아야 한다. 하늘을 날면서 작은 먹잇감을 찾아내려면 사람보다 몇 배 좋은 시력이 필요하다. 이를 위해서는 기본적으로 눈을 구성하는 구조들이 발달해야 한다. 해상도가 좋으려면 많은 빛 감지세포들이 있도록 망막이 커야하며 이에 따라 수정체나 각막이 커야 한다. 타조의 머리는 사람보다 매우 작지만 눈은 커서 타조의 수정체가 사람보다 크다. 홍채를 덮고 있는 눈동자는 수정체의 크기와 밀접하게 관련되어 있기 때문에 타조의 눈동자(투명한 각막)는 상대적으로 크다.

우리의 조상들은 나무 위에서 살았기 때문에 아주 멀리 떨어져 있는 물체를 볼 필요가 없었다. 수십 미터 떨어진 곳의 물체와 색을 식별할 수 있으면 충분했던 것이다. 나무 위에서 살고 있는 원숭이와 유인원은 고감도의 눈이 필요하지 않아 눈이 커질 필요가 없었으며 오히려 빛이 눈으로 많이 들어오는 것을 줄일 수 있도록 눈동자가 작아지는 쪽으로 진화를 하였을 것이다.

또 한 가지 생각해 볼 것이 있다. 사람과 계통발생학적으로 가장 가까운 유인원들은 사람과 유사한 눈 모양을 가지고 있지만 흰자위가 잘 보이지 않는다. 유인원의 눈동자 주변 공막은 어두운 색이 착색되어 있기 때문이다. 다른 동물들의 눈을 살펴보면 대부분 사람과 유사하게 눈동자가 끝나는 부분부터 흰 공막이 시작되지만 보이지 않을 뿐이다. 이는 유인원의 공막이 흰색에서 어두운 색이 착색되는 쪽으로 진화를 한 것이다.

유인원의 사회는 호모 사피엔스의 사회처럼 협업의 사회가 아니고 경쟁의 사회였다. 흰자위가 있는 유인원은 상대방과의 싸움 등에서 응시하는 방향이 노출되어 불리했을 것이다. 유인원이 사람처럼 흰자위를 가지고 있지 않고 착색된 공막을 가지고 있는 이유일 것이다. 반면에 한 연구 보고에 의하면, 사람은 자신이 주시를 받고 있음을 느낄 때 더 관대해지고 헌신적이 되었다고 하였다. 이와 같이 사람이 착색되지 않고 흰자위를 가지고 있다는 것은 호모 사피엔스의 사회가 협업과 협동의 사회였음을 시사해 준다. 우리 조상들의 사회가 협력보다는 치열한 다툼이 있던 유인원과 유사한 사회였다면 사람의 눈은 유인원처럼 흰자위가 없어졌을 것이다. 흰자위가 생긴 근본 이유가 의사소통의 위해 발달된 것은 아니지만, 해부생리학적 이유로 생기게 된 흰자위는 진화의 부산물로서 의사소통과 건강의 표시로서도 역할을 했을 것이다.

사람의 눈에 흰자위가 있는 이유는 사람이 주행성인 동물이라는 것과 우리 조상들이 살던 숲은 망원경처럼 먼 곳까지 볼 수 있는 눈이 불필요하여 눈 자체 특히 눈동자가 커질 필요가 없었던 것에 기인한다. 현재 우리의 눈은 구석기시대의 눈이 아니라 훨씬 그 이전에 숲에서 살던 시절의 눈과 같은 눈을 가지고 있는 것이다.

안경잡이 호모 사피엔스

눈이 나쁘다는 것은 여러 가지 경우가 있겠지만 다음의 세 가지가 대표적이다. 눈의 앞뒤 축이 길어져 눈으로 보는 상이 망막 앞에 맺혀 초점이 잘 안 보이는 경우를 근시라고 부른다. 이때에는 오목렌즈 안경을 써서 해결한다. 반대로 눈의 앞뒤축이 짧아져 눈으로 보는 상이 망각 뒤에 맺혀 잘 보이지 않는 경우는 원시라고 한다. 이때에는 볼록렌즈 안경을 쓰면 잘 볼 수 있다. 세 번째는 나이가 들어 수정체의 탄력이 감소하여 가까운 것을 볼 때 수정체가 볼록해지지 않아 상의 초점이 원시처럼 망막 뒤에 맺혀 잘 보이지 않는 경우로, 돋보기를 써야 한다. 특이한 것은 먼 곳을 볼 때에는 수정체가 볼록해질 필요가 없어 비교적 잘 보인다. 단지 가까운 것을 볼 때 초점을 맞추지 못하여 잘 안 보이는 것이다.

사람 중에는 안경 특히 오목렌즈로 된 안경을 쓴 사람이 많다. 사람들은 다른 동물들도 사람처럼 눈이 나쁘지만 안경이라는 과학적인 도구를 만들 수 없어 안경을 쓰지 않을 수도 있다고 생각할 수 있다. 그러나 동물들은 근시가 생겨 오목렌즈의 안경을 쓸 일은 거의 없다고 봐야 할 것이다. 그 이유를 살펴보자.

에스키모인을 보면 눈이 왜 나빠지는지 짐작할 수 있다. 에스키모인은 안경 쓴 사람이 거의 없다. 알래스카인의 생활상을 보면 대부분의 시간을 멀리 보며 시간을 보내며 가까운 곳을 보는 시간은 매우 짧다. 반면에 선진국일수록 오목렌즈의 안경을 쓴 사람이 많다. 결국 어떤 환경이 근시를 유발함을 알 수 있다. 눈의 해부학적 구조상 근시는 잘 올 수 있지만, 반대의 원시는 드물게 나타난다.

눈이 나빠질 수 있는 환경이라 하면 두 가지를 들 수 있다. 하나는 가까운 것을 보는 문화인대 특히 학교공부가 대표적이다. 가까운 것을 보려면 눈의 안쪽에 붙어 있는 안쪽곧은근을 수축시켜 눈동자를 안쪽으로 모아야 하며, 눈 속에 있는 수정체(lens)를 볼록하게 만들기 위해 수정체 주변을 두르고 있는 섬모체근(ciliary muscle)이 수축해야 한다. 섬모체근이 수축한다는 것은 눈의 앞쪽 부분을 조이는 작용을 하여 눈 속의 압력이 강하지는 않지만 뒤로 작용하게 된다. 일시적으로 섬모체근이 수축하면 눈에 별 영향은 없지만 지속적으로 가까운 것을 보면 안구 속의 힘이 뒤로 작용하여 안구가 길어지게 되는 것이다. 결국 안구가 길어져 눈에 들어온 시각의 초점이 망막 앞에 맺히게 되는 근시가 나타나게 될 수 있다.

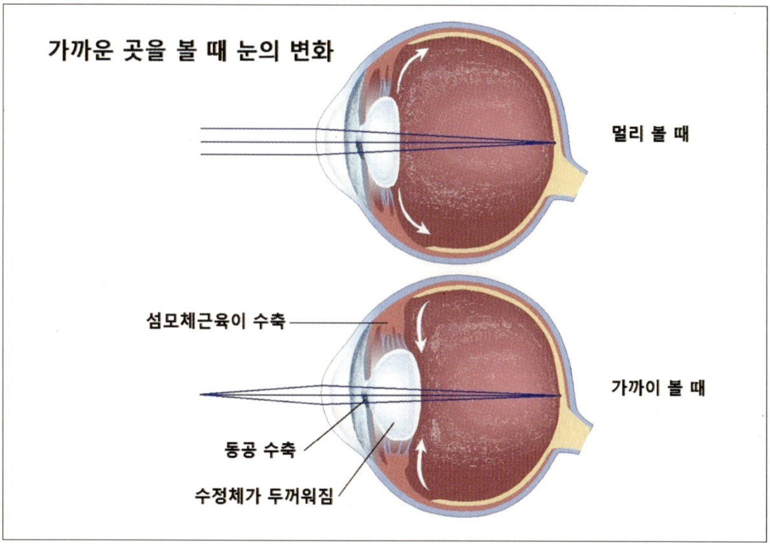

(위쪽) 현대인의 눈은 많은 시간을 바로 앞에 있는 컴퓨터나 핸드폰 또는 책을 향하고 있어 눈이 쉽게 나빠진다. (아래쪽) 사람 눈의 단면도임. 멀리 보고 있을 때에는 섬모체근(ciliary muscle)이 수축하지 않지만, 가까운 것을 볼 때에는 수정체를 두르고 있는 섬모체근이 수축하여 수정체가 볼록해지고 눈 앞쪽이 수축하게 되어 압력이 눈 뒤로 전달된다.

앞에서 설명한 눈의 해부학적 변화를 보면 현대인들이 왜 눈이 나빠지는지 쉽게 알 수 있다. 또한 현대에 들어 선진국에 사는 사람들일수록 컴퓨터나 핸드폰을 자주 보고 산다는 것을 보면 선진국일수록 안경을 쓴 사람이 많다는 것을 이해할 수 있을 것이다. 특히 우리나라와 같은 경쟁사회에서는 공부를 많이 해야 하기 때문에 근시가 생길 확률이 높다.

똑같이 열심히 공부를 하였는데도 어떤 사람은 안경을 쓰고 어떤 사람은 안경을 쓰지 않아도 된다. 이는 눈이 나빠지는 것이 전부 환경적인 요인에 의한 것이 아니라 타고난 유전적 요인도 있음을 알 수 있다. 이러한 유전적 요인을 결정하는 것으로는 안구의 구조가 튼튼하여 모양의 변형이 일어나지 않는 해부학적 측면이 있으며, 책 같은 가까운 곳을 오랫동안 주시하는 습관 또는 집중력의 행동학적 측면도 있을 것이다.

사람은 나이가 들면서 '노안'이 생겨 대부분 안경을 쓰게 된다. 여기서 한 가지 비극적인 상황이 발생하기도 한다. 젊은 시절에 근시가 있는 사람은 나이가 들면 오목렌즈 안경과 볼록렌즈 안경 두 종류의 안경이 필요하다. 안타깝게도 오목렌즈를 끼고 살던 사람의 일부가 아니라 대부분의 사람이 나이가 들면 볼록렌즈 안경도 필요하게 된다. 왜냐하면 노안은 노화의 일종으로 모든 사람에게 올 수 있는 현상이기 때문이다. 그래도 요즈음은 과학이 발전하여 한 안경에 볼록렌즈와 오목렌즈를 같이 넣은 다초점렌즈가 개발되어 한 개의 안경만 쓰고 살아도 큰 불편이 없는 세상이 되었다.

요즈음은 사람의 80% 가까이 근시가 발생하여 이에 대한 대책이 필요한 실정이다. 최근 임상적인 연구 결과에 의하면 매일 정기적으로 여러 번 멀리 있는 수평선을 보게 되면 안구가 정상적으로 작동하여 눈이 적절하게 초점을 맞출 수 있게 좋아진다고 하였다. 호모 사피엔스의 눈은 망원경처럼 아주 먼 곳을 잘 볼 수 있게 진화를 하지도 않았지만(앞 장 참조) 아주 가까운 곳을 오랫동안 볼 수 있도록 진화하지도 않았음을 알아야 한다. 또한 최근의 연구 결과에 의하면 경험하는 빛의 양이 적기 때문에 근시가 생긴다는 것이다. 앞서 이야기한 바와 같이 호모 사피엔스는 지극히 주행성 동물이라는 점을 볼 때 설득력 있는 주장이라 할 수 있다. 하루에 10,000 lux 이상의 빛을 눈이 감지하면 근시가 예방된다고 하였다.

현대인이 근시로부터 자유로워지려면 어릴 때부터 틈나는 데로 밝은 대낮에 야외 활동을 많이 하면 된다. 피치 못하게 밤에 공부나 일을 하는 경우에는 가급적 밝은 조명 아래에서 중간 중간 쉬어가면서 하면 근시 예방에 도움이 될 것이다.

사람의 먼 조상은 두더지류이었다!

두더지는 땅을 뒤지면 벌레나 지렁이 등을 잡아먹고 사는 쥐를 닮은 작은 동물이다. 한 가지 흥미로운 사실은 이름이나 생김새가 쥐와 비슷하여 설치류에 속하는 쥐와 유사한 종으로 생각하기 쉽지만, 쥐와는 다른 두더지과에 속하는 포유류 집단이다. 그래서 이름을 자세히 살펴보면 '두더쥐'가 아니라 '두더지'이다. 주로 땅 속에서 생활하여서 눈은 퇴화되어 플래쉬를 비추어도 반응이 없을 정도이다. 그러나 눈 주위의 털을 움직여서 눈은 노출시킬 수 있어 완전히 눈이 퇴화된 것은 아니다.

이러한 두더지류가 사람의 먼 조상이었다고 하면 과연 이를 받아들일 사람이 얼마나 될까? 사람이 계통발생학적으로 원숭이 그중 침팬지와 가장 가깝다는 사실은 대부분 인정할 것이다. 두더지류가 사람의 조상이었다는 것은 하나의 이론이나 가설이 아닌 과학적으로 밝혀진 사실이기 때문에 조금 황당한 것 같지만 이를 인정해야 한다. 왜 그래야 하는지 살펴보자.

땅속에서 사는 두더지와 땅 위에서 사는 사람이 어떻게 연결될 것인지 상상하기가 쉽지 않다. 더욱이 두더지는 어두운 곳에서 살다 보니 눈은 있으나 눈을 감고 살며 주로 후각에 의지하여 살아가며 생김새도 사람이나 원숭이와는 매우 다른 모습을 하고 있기 때문이다. 이 문제의 답은 색깔을 볼 수 있는 '눈'의 퇴화와 관련된 진화 과정에서 알 수 있다.

우리 사람은 사물을 칼라로 볼 수 있다. 일부 사람들 중에 일부 색깔을 구별하지 못하는 색맹인 사람들이 간혹 있기는 하지만 사람들은 다양한 색깔을 잘 구별할 수 있는 눈을 가지고 있다. 흥미로운 사실은 우리와 가깝게 사는 개, 고양이, 소, 말, 돼지 등의 동물들은 세상을 진정한 칼라고 보지 못한다(여기서 칼라를 보지 못한다는 의미는 흑백으로 본다는 의미가 아니고 다양한 색으로 보지 못한다는 것이다. 사람으로 치면 적록색맹의 상태라고 볼 수 있다). 영장류가 되어서야 비로소 다양한 색을 볼 수 있는 눈을 가지고 있다. 흥미로운 사실은 새(조류)는 세상을 칼라로 볼 수 있을 뿐만 아니라 자외선도 볼 수 있는 눈을 가지고 있다.

상식적으로 생각해 보면 사람이 다른 동물과 달리 세상을 다양한 칼라로 본다는 것은 납득할 수 있다. 그러나 사람보다 신경계가 덜 발달된 새이지만 칼라 뿐 만 아니라 자외선 까지 본다는 것을 이해하기가 쉽지 않다. 또한 최근 들어 생명과학 특히 유전학의 눈부신 발전으로 많은 사실들이 밝혀지고 있으며 우리의 먼 조상이 두더지류이었다는 것도 확인되었다.

본 장의 내용을 이해하기 위해서는 먼저 눈에서 색깔을 인식하는 해부생리학적 지식이 필요하다. 망막에 있는 원추세포가 다양한 칼라를 인식하기 위해서는 적어도 세 가지 이상의 옵신(opsin) 단백질이 있어야 한다. 긴 파장, 중간 파장, 짧은 파장을 각각 인식하여 이를 바탕으로 다양한 칼라를 인식하는 것이다. 옵신 단백질 중 두 가지 단백질만 발현되면 다양한 칼라(삼원색, trichromatic)로 보지 못하고 이원색(dichromatic)으로 보게 된다.

우리의 먼 조상이라고 할 수 있는 조류나 파충류 등 초기 척추동물들은 원추세포에 세 가지의 옵신 단백질이 발현됨은 물론 이 세 가지 파장보다 더 짧은 자외선(ultraviolet, UV)을 볼 수 있는 옵신 유전자(UV-type)가 발현되어 네 가지 파장을 인식한다. 생물체가 자외선을 많이 쬐면 몸을 보호하는 피부가 손상을 받게 된다. 물속에서 사는 어류는 자외선이 물속까지 도달하지 않아 자외선을 인식할 필요가 없다. 그러나 진화 과정에서 어류는 결국 육지로 올라와 살게 되었고 이에 따라 자외선을 인식하지 못하면 피부가 손상되는 등 살아남기 힘들었기 때문에 자외선을 볼 수 있는 생물들이 육지에 올라와 살아남게 된 것이다.

그렇다면 대부분의 포유류는 칼라를 보지 못하고, 사람은 칼라는 보지만 자외선을 볼 수 없다. 이러한 복잡한 일이 어떻게 나타나게 되었을까?

포유류가 이원색성 시각이 진화한 것은 중생대 공룡시대로 약 6천 5백만 년 전쯤의 일이다. 주행성 환경은 공룡이 모두 차지하여 포유류 조상에게는 야행성 환경만이 허락되어 이원색성 시각으로 일종의 퇴화가 일어났다. 사원색성(tetrachromatic)의 공통조상에서 날개를 가진 조류는 주행성 환경에 적응할 수 있었기 때문에 지금도 새는 사원색성으로 세상을 보고 산다.

이렇게 현재 대부분의 포유류는 세상을 두더지와 마찬가지로 이원색으로 보고 있다. 사자나 호랑이는 사슴 같은 먹잇감이 어떤 색깔인지 중요하지 않다. 즉 먹잇감 형태 파악만으로 충분한 것이다. 앞장에서 살펴보았듯이 대부분의 동물들은 밤에도 물체를 잘 인지할 수 있도록 눈에 반사판이 있는 쪽으로 진화를 하였다. 반면에 영장류는 나무와 땅을 오가면서 각종 다양한 색(특히 빨간색과 녹색)을 가진 열매나 과일 그리고 새순 등을 따먹으며 살아야하기 때문에 사물을 칼라로 보는 것이 매우 유리했다. 특히 형태와 색깔을 같이 보아야 몸에 해로운 식물들(예, 독버섯)을 구분할 수 있어 나무와 땅을 오가면서 사는 유인원에서 옵신 유전자가 변이(mutation)가 나타나 세 가지 파장을 인식하여 칼라를 보게 된 것은 살아남는 데 큰 역할을 했던 것이다.

여기에서 한 가지 흥미로운 사실은 칼라를 볼 수 있는 동물(포유류)은 침팬지, 고릴라, 오랑우탄을 비롯한 모든 구세계영장류(old world monkey, 아프리카와 아시아에서 서식)와 사람뿐이다. 마모셋 같은 신세계영장류(new world monkey, 중남아메리카에서 서식)는 이원색성의 시각을 가지고 있다. 유인원의 생김새나 다른 유전학적 유사성은 차치하고 색깔 인식과 관련된 유전자의 변화 만 보아도 계통발생학적으로 어느 동물과 가장 가까운지 바로 알 수 있다.

우리 인간은 어떻게 칼라를 보게 되었고 새는 칼라뿐만 아니라 자외선 까지 본다는 사실에서 조금은 놀라운 결론에 도달할 수 있다. '우리 사람의 먼 조상은 두더지류이었다'는 것이다. 만물의 영장이라고 하는 인간의 조상이 두더지였다니 누가 선뜻 믿겠는가? 그러나 앞서 살펴본 바와 같이 최근의 옵신 유전자에 대한 세밀한 유전학적 연구에 의해 인간의 먼 조상이 두더지류이었다는 것은 부인할 수 없는 사실(가설이 아닌)이 되었다. 우리의 가까운 친척은 침팬지라는 사실을 독자들이 대부분 인정할 것이라고 생각된다. 이제 우리의 먼 친척이 두더지류라는 사실도 우리가 받아들여야 할 때가 온 것이다.

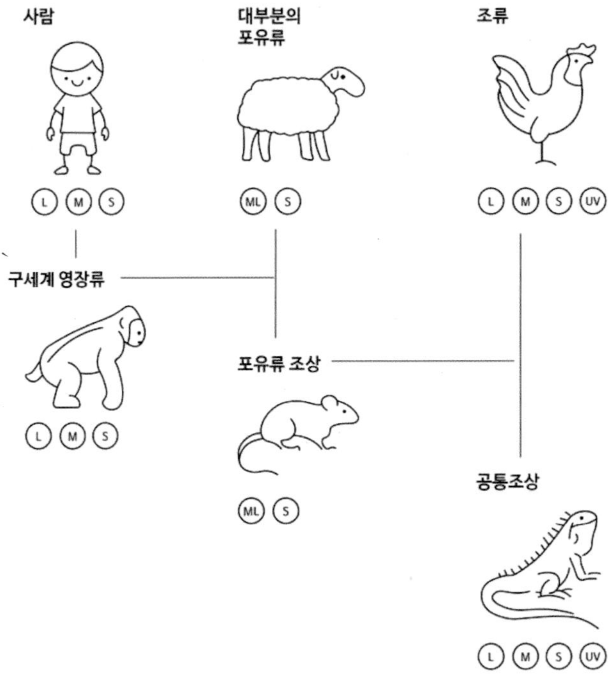

척추동물의 공동조상은 삼원색 뿐 만 아니라 자외선까지 볼 수 있었으며, 이는 조류로 계속 이어진다. 반면 중생대의 지구에는 포유류 조상은 주로 땅속에서 생활하는 두더지류에서 시작되었으며, 현존하는 대부분의 포유류는 이원색성의 시각을 가지고 있다. 색깔 인식이 중요해진 구세계영장류에 와서 옵신 유전자의 변이가 일어나 다시 칼라(삼원색성)를 볼 수 있게 진화하였다[원추세포의 인지 파장. L: long wave length(긴 파장), M: medium wave length(중간 파장), ML: medium/long wave length(중간/긴 파장), S: short wave length(짧은 파장), UV: ultraviolet(자외선)].

오뚝한 콧날

눈 바로 아래에는 코가 있다. 코는 숨을 쉬는 데 필요한 기관으로 코 속에는 세 개의 코선반(nasal chocha)이 있으며 이를 덮고 있는 점막은 모세혈관과 분비샘이 풍부하여 공기가 코안을 통과할 때 적당한 습도와 온도도 체온에 가깝게 높여주어 허파(폐)로 들어가게 한다. 또한 코안의 위쪽에는 냄새를 감지하는 후각기관이 있다.

코뼈(nasal bone)는 코 주변부에만 있고 코의 대부분은 코뼈가 아닌 코연골(nasal cartilage)로 이루어져 있다. 우리가 통상 이야기하는 '코뼈가 부러졌다'는 것의 대부분은 코뼈가 부러진 것이 아니라 코연골이 부러진 것이다.

호모 사피엔스와 친척인 유인원을 비롯한 영장류의 코는 대부분 납작하다. 사람의 코는 뾰쪽하게 튀어나와 있고 콧구멍은 아래쪽으로 나 있다. 앞서 살펴본 바와 같이 코가 오뚝한 것은 코뼈에 의한 것이 아니고 코연골의 발달에 의한 것이다. 사람은 왜 오뚝한 콧날을 갖게 되었을까?

영장류는 대부분 코가 납작하지만 예외적으로 긴코원숭이의 코는 매우 크고 길다. 긴코원숭이의 코가 길고 큰 것은 코의 연골이 발달한 것이다. 긴코원숭이의 눈에 띠는 특징은 '수컷' 긴코원숭이의 코가 입 아래까지 내려가는 큼직한 코를 가지고 있다. 그래서 음식물을 먹을 때는 긴 코를 옆으로 제쳐놓아야 하는 불편함이 있지만, 코를 세우고 소리를 내면 더 크게 울리게 된다는 이점이 있어 암컷 긴코원숭이에게 호감을 주고 경쟁 수컷 원숭이에게는 겁을 줄 수 있다. 한마디로 수컷 공작새의 화려한 깃털과 같이 성선택(sexual selection)이 작용한 것이다.

영장류와는 계통발생학적으로 다른 개나 고양이 쥐 등의 동물들은 비교적 튀어나온 것처럼 보이는 코를 가지고 있다. 그러나 자세히 살펴보면 코가 튀어나온 것이 아니라 아래턱과 위턱이 앞으로 튀어나와 주둥이를 이루고 이 끝에 코(바깥코)가 존재하여 튀어나와 보일 뿐이다. 영장류로 진화하면서 턱이 뒤로 후퇴하여 코가 납작하게 보이는 것이다(긴코원숭이는 예외). 우리와 가장 가까운 친척이라고 할 수 있는 침팬지의 코는 납작하여 콧구멍 밖에 보이지 않는다.

그렇다면 왜 사람의 코는 뾰쪽할까? 앞서 살펴본 바와 같이 사람은 원숭이보다 턱이 더 뒤로 후퇴하여기 때문에 사람은 더 원숭이보다 코가 납작해졌어야 한다. 긴코원숭이처럼 성선택이 작용하였을까? 여자들이 큰돈을 들여서 코를 높이려고 하는 것을 보면 일리가 있는 것 같기는 하지만 그렇지 않은 것 같다. 성선택적이려면 짝짓기에 있어 궁극적인 선택권은 예외 없이 암컷에게 있기 때문에 남자의 코가 여자보다 훨씬 더 뾰족해야 했을 것인데 그렇지 않기 때문이다. 단지 코가 얼굴의 중심에 위치하여 코의 모양과 위치가 호감도(attractiveness)에 상당한 영향을 미치기 때문에 관심을 가질 수밖에 없게 되었을 것이다.

최근 일본의 교토대학에서 발표한 연구 결과를 보면 사람과 침팬지를 대상으로 차고 뜨겁거나, 건조하거나 습한 공기를 코로 숨을 쉬게 한 결과 사람은 두 동물보다 호흡하기 적합한 공기로 바꾸어 주는 코의 효율이 떨어짐을 확인하였으며, 이러한 좋지 않은 조건을 조금이나마 보완하기 위해 코가 뾰족해졌다고 주장하였다.

코가 뾰족해지더라도 콧구멍이 돼지처럼 앞쪽에 있지 않고 왜 코의 아래쪽에 위치하고 있을까? 코의 앞쪽에 콧구멍이 위치하면 코안으로 들어가는 공기의 흐름이 많이 바뀌지 않아 효과가 적었을 것이다. 반면에 아래쪽에 있는 콧구멍을 통해 공기가 위로 올라갔다 방향을 뒤쪽으로 바뀌면 공기의 흐름이 호흡하기 적합한 공기로 바꾸어 주는 데 더 도움이 되었을 것이다.

또한 콧구멍이 코의 아래에 위치한 다른 이유도 있는 것 같다. 침팬지는 우리와 유사한 골격과 생활을 하지만 크게 다른 점은 완전한 직립자세가 아니라는 점이다. 침팬지는 활보를 할 때 팔의 손등이 닿게 다니는 너클보행을 하는데 몸의 각도가 앞으로 많이 기울게 된다. 사람은 직립을 하고 보행을 하기 때문에 코안의 축이 지면과 평행하게 되어 콧구멍의 방향이 앞으로 나 있으면 비나 눈이 코로 들어갈 확률이 커진다. 호모 사피엔스는 좁아진 코안에서 호흡하기 적합한 공기로 바꾸어 주는 데 도움이 되도록 코가 오뚝해졌다. 또한 코의 아래에 콧구멍이 있음으로 해서 호흡에 적합한 공기가 되도록 공기가 흐르게 할 뿐 만 아니라 천연 우산 역할도 하도록 코가 높아지고 콧구멍도 코의 아래에 위치하게 되었다고 본다.

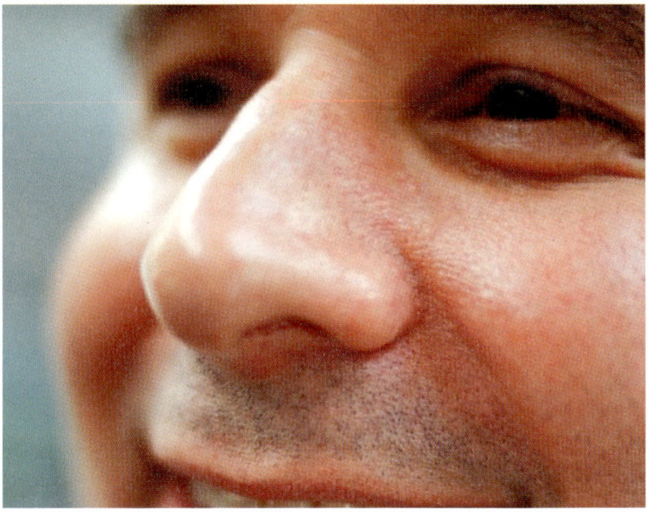

(위쪽) 침팬지의 코는 납작하고 콧구멍은 앞으로 향하고 있다. (아래쪽) 사람의 코는 뾰쪽하고 콧구멍이 코의 아래에 있다.

사람의 인종은 유럽인, 아시아인 및 아프리카인(흑인) 등으로 구분할 수 있다. 유럽인의 코는 뾰쪽하다는 사실은 누구나 아는 사실이다. 코가 뾰쪽하다는 것보다 콧구멍의 모양에 주목해보자. 유럽인의 콧구멍은 코끝으로 갈수록 좁아진다. 이는 공기가 코안으로 들어가 잘 퍼져 허파 안으로 들어가기 전에 공기를 잘 덥혀주는 데에 적합한 구조인 것이다. 즉 유럽인들의 코는 추운 환경에 많이 노출된 진화의 흔적인 것이다.

반면에 아프리카인의 코는 유럽인보다는 코가 뾰쪽하지 않고, 코의 날개(ala)가 발달되어 타원형의 큰 콧구멍을 가지고 있다. 큰 콧구멍은 코안으로 들어온 많은 더운 공기가 곧바로 허파로 들어가는 데 유리한 구조이며, 유럽인은 아시아인과 흑인의 중간 정도 되는 뾰쪽한 코와 콧구멍을 가지고 있다.

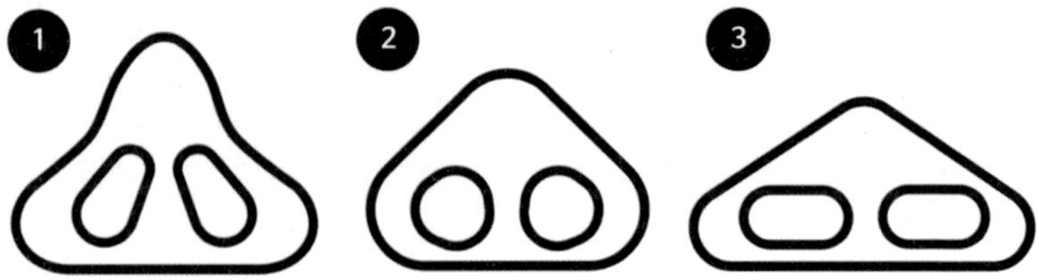

아래에서 위로 본 인종별 코 모양. (1) 유럽인의 코로 코끝이 뾰쪽하고 콧구멍이 코끝으로 갈수록 약간 좁아져 있다. (2) 아시아인의 코로 코 높이가 유럽인에 비해 낮으며 콧구멍이 동그랗다. (3) 아프리카인의 코로 아시아인보다 코의 높이가 더 낮으며 콧구멍은 타원형이다.

주변에 만나는 한국 사람들의 코가 뾰쪽하고 콧구멍이 서양인처럼 앞으로 가면서 좁아져 있다면 그 사람의 조상이 추운 곳에 오랜 기간 살았던 흔적이거나, 성형외과에 가서 코를 높이는 수술을 했을 가능성이 있다. 전형적인 한국인은 콧구멍이 동그랗다는 점을 생각하면 후자의 가능성이 훨씬 높다.

사람은 왜 잘 때 코를 잘 골까?

우리는 주변에서 코를 고는 사람들을 종종 본다. 평상시에는 멀쩡하다 잠을 잘 때 코를 곤다. 옆에 있는 사람이 코를 심하게 골면 정말 난감한 일이다. 코 고는 사람을 흔들어 주거나 하면 일시적으로 코를 골지 않지만 이내 다시 코를 곤다. 코는 왜 골며 다른 동물들도 코골이를 하는지 알아보자.

코골이를 하는 본인은 잘 못 느끼지만 옆에서 같이 자는 배우자 등 주변 사람들은 제대로 잠을 자지 못하여 생활에 지장을 초래한다. 코골이가 심함 사람은 본인도 자다가 자주 깨며 낮에도 기억력이나 집중력이 떨어지기도 하는 생각보다 골치 아픈 병이다. 더욱이 코골이가 심한 경우에는 자다가 숨을 잠시 멈추는 현상인 수면 무호흡증까지 생길 수 있다.

왜 이런 코골이가 생기는가? 기본적으로 사람 머리의 해부학적 구조에서 기인한다. 침팬지만 하더라도 그림에서 보듯이 입부분이 사람보다 앞쪽으로 튀어나와 있고, 입(혀) 뒤쪽의 인두 및 후두 공간이 여유가 있다. 그러나 사람은 진화를 거듭하면서 입쪽이 뒤로 후퇴하여 혀가 인두와 후두 쪽으로 밀려 들어가고 이에 따라 후두에 위치하고 있는 성대도 목 아래쪽으로 이동을 하였다. 성대가 목 아래쪽으로 이동하여 목소리(언어)를 다양하게 구사하게는 되었지만, 코골이가 잘 생길 수밖에 없는 해부학적 구조로 진화를 한 것이다.

코골이의 소리는 비뚤어진 코중격(nasal setum, 코안을 양쪽으로 나누어 주는 칸막이 같은 구조)이나 아데노이드(adenoid, 코 뒤쪽과 목 사이에 있는 편도의 일종) 증식에 의해서 코골이가 생길 수 있지만, 오히려 더 심한 대부분의 코골이는 주로 혀와 인두 사이에서 발생한다. 단지 잘 때 입을 다물고 자기 때문에 소리가 코로 나오는 것뿐이다.

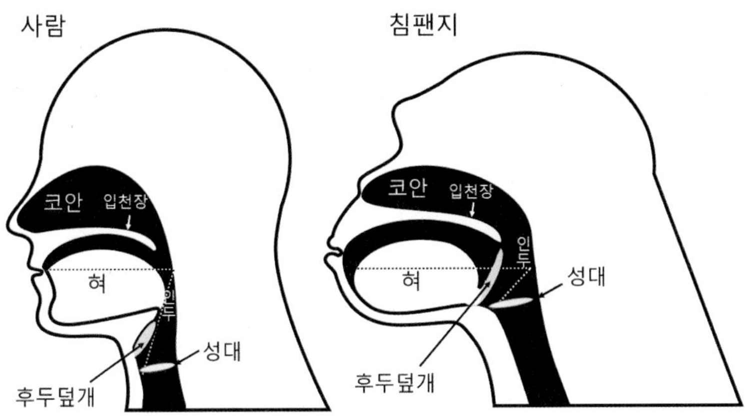

사람은 턱이 후퇴하여 혀와 입천장이 인두의 뒷벽에 가까워져 있다. 반면에 침팬지의 턱은 상대적으로 사람보다 튀어 나와 혀와 입천장이 인두의 뒷벽과 멀리 떨어져 있다. 사람이 왜 코를 잘 고는지 분명하게 보여주는 해부학적 구조이다.

다른 동물들은 과연 코를 골까? 대부분의 동물(포유류)들은 길게 튀어나온 턱을 가지고 있다. 턱이 튀어나와 있으면 혀와 입천장이 앞으로 위치하여 입을 지난 다음 구조인 인두(pharynx)가 넓다. 더군다나 대부분의 동물들은 사람과는 반대로 엎드려 자기 때문에 입과 입천장이 인두 쪽으로 이동할 경우도 거의 없다. 따라서 정상적인 동물들은 코를 골지 않을 것이다. 단지, 동물들도 코중격이 삐뚤어지거나 콧속에 염증 등이 생겨 부으면 즉 비정상적인 상황인 경우 가끔 코를 고는 경우는 있다.

문제는 코골이의 치료가 쉽지 않다는 것이다. 코중격이 삐뚤어지거나 아데노이드가 증식해서 생기는 경우는 수술적으로 어느 정도 해결이 되지만, 혀와 입천장이 뒤로 후퇴하여 생기는 코골이를 치료하기는 쉽지 않다. 근본적으로 해결하려면 턱을 앞으로 튀어나오게 하여 혀와 입천장을 앞으로 가게 하면 되지만 이는 수만 년 전의 우리 조상의 모습으로 되돌리는 무모한 짓이며 현실적으로도 매우 어려운 일이다.

최근의 수술적 치료 방법은 목젖과 뒤쪽 입천장 부위를 제거하여 코골이를 감소시켜 주는 정도이다. 그러나 혀가 인두의 뒤쪽에 닿아 코골이를 하는 사람은 현재로서는 뾰족한 대책이 없다. 코골이를 없앤다고 혀의 뒷부분을 잘라낼 수 는 없는 것이다. 만약 혀 뒷부분을 잘라내면 말을 잘 못할 것이다. 이는 벼룩 한 마리 잡으려고 초가삼간을 다 태우는 격이다.

우리는 주변에서 코를 고는 여자는 자주 찾아볼 수 없다. 그러나 남자는 아버지, 삼촌, 친구 등 나이에 관계없이 코를 심하게 고는 사람들을 많이 볼 수 있다. 남자의 머리뼈 골격은 여자보다 커서 혀 뒤의 인두 공간(입인두, oropharynx)도 남자가 더 크다. 이 사실 만으로는 여자가 코를 더 잘 골아야 하는데 실제는 반대의 현상이 일어나고 있다. 왜 그럴까?

여자는 여성호르몬이 혀나 인두 등 상기도에 있는 근육이 이완되지 않도록 해주기 때문이다. 여자가 나이가 들어 폐경기 후에는 코를 잘 골게 되는데 여성호르몬의 분비가 감소하기 때문이라고 알려져 있다. 상대적으로 남자는 술과 담배 등 여자에 비해 몸에 해로운 것과 많이 접하게 되어 입과 코의 염증이나 부종이 생겨 여자보다 코골이가 심한 것이라고 볼 수 있다.

젊은 시절에는 코 질환이나 입천장이 늘어지고 인두가 비후되는 등의 변화가 없지만, 나이가 들면서 노화의 현상 및 비만 등으로 코골이는 점점 심해질 수밖에 없다. 심하게 코를 고는 사람은 수술까지 하지만 코골이로부터 자유롭기가 쉽지 않은 것이다. 규칙적인 운동으로 살을 빼고 옆으로 누워 자는 등 생활습관과 수면방법으로 어느 정도는 개선시킬 수 있다. 본인이나 가까운 사람(같이 잠을 잘 정도의)이 코를 골고 자면 이는 호모 사피엔스의 '숙명'이라고 생각하고, 이해하려고 노력해야 한다.

가청 주파수 영역대가 좁은 호모 사피엔스

귀는 소리가 들어오는 바깥귀, 고막을 지나 소리를 전다하는 가운데귀, 그리고 그 안쪽에 속귀가 있다. 속귀에는 소리를 인식하는 달팽이관(cochlea) 뿐만 아니라 직선운동 및 곡선운동을 감지하는 평형기관도 들어있는 매우 복잡한 기관이다. 다른 동물들도 사람과 유사한 구조를 가지고 있지만 소리를 감지하는 음파의 영역은 동물마다 다르다.

한 가지 흥미로운 사실은 귀의 가운데귀에는 귓속뼈(ossicle)가 있다. 포유류 이전에는 귓속뼈가 등자뼈 하나밖에 없었지만 턱뼈의 일부가 모루뼈와 망치뼈가 되어 귓속뼈가 세 개로 이루어지게 되었다. 이러한 해부학적 구조는 세 개의 귓속뼈를 지나면서 소리를 증폭시킬 수 있어 청각이 발달하게 되었다.

우리가 눈으로 볼 수 있는 부분은 바깥귀의 귓바퀴와 귓구멍뿐이다. 바깥귀의 뼈대를 이루는 것은 연골이지만, 귀의 아래쪽에는 연골이 없고 피부조직만 있어 귀걸이를 할 구멍을 뚫을 수 있는 장소를 제공해 준다. 다윈돌기(Darwin's tubercle)는 귓바퀴 중 위쪽 귀둘레에 튀어나온 부분을 일컫는다. 영장류의 귓바퀴는 위로 튀어나온 부분이 있는 귀둘레를 가지고 있는 경우가 많은데 이러한 부분이 호모 사피엔스는 귀둘레가 앞쪽으로 말려들면서 흔적으로 남아 있는 것이다. 다윈돌기는 모든 사람이 다 가지고 있는 것은 아니고 인종마다 다르지만, 한국인에게서도 종종 볼 수 있다.

귀의 발생과정을 살펴보면 한 원기(primordium)가 아니라 여러 원기가 합쳐져서 귀를 형성하여 바깥귀가 복잡한 모양을 하고 있다. 귀의 골격을 이루는 연골의 모양이 사람마다 다르다. 어떤 범죄자가 자신의 신분을 감추려고 얼굴에 큰 마스크와 선글라스를 껴도 귀가 노출된 경우에는 누구인지 알아낼 수 있다. 법의학에서 귀의 모양도 일종의 지문과 같은 중요한 정보를 제공한다.

대부분의 포유류들은 귀를 움직일 수 있다. 원숭이류를 제외한 다른 포유류는 귓구멍이 약간 앞쪽으로 향해 있으며 귀에 붙어있는 귀근육을 이용하여 옆으로도 움직일 수 있다. 사람의 경우에도 귀에 위, 앞, 뒤에 귀근육이 존재하기는 하지만 작용을 하지 않는다. 귀근육을 수축시켜 귀를 움직일 수 있는 사람도 간혹 있다. 그렇다면 다른 동물과는 달리 사람은 귀가 발달되는 쪽으로 왜 진화를 하지 않았을까?

동물들이 시각, 후각, 청각 및 미각 등 모든 특수감각기관을 발달하는 쪽으로 진화할 수 없다. 각각의 동물들이 처한 환경에서 우선적으로 필요한 특수감각기관을 발전시켰다. 우리와 가장 가까운 친척인 침팬지는 높은 가청 주파수가 30,000Hz 정도이고 가장 잘 들을 수 있는 주파수 영역이 8,000Hz 전후이다. 반면에 사람은 개인에 따라 60,000Hz까지 들을 수 있는 있는 경우도 있지만 대체로 높은 가청주파수 20,000Hz를 넘지 않으며, 잘 들을 수 있는 주파수 영역은 200Hz에서 4,000Hz 정도이다. 이는 사람이 다른 소리보다 사람들끼리 말할 때 주로 나오는 주파수(음성 대역폭에 해당)의 소리를 잘 들을 수 있음을 의미한다. 즉 청각이 외부의 다양한 소리를 인지하는 것 보다 언어의 소통을 원활하게 하는 것에 적합하도록 진화를 하였다.

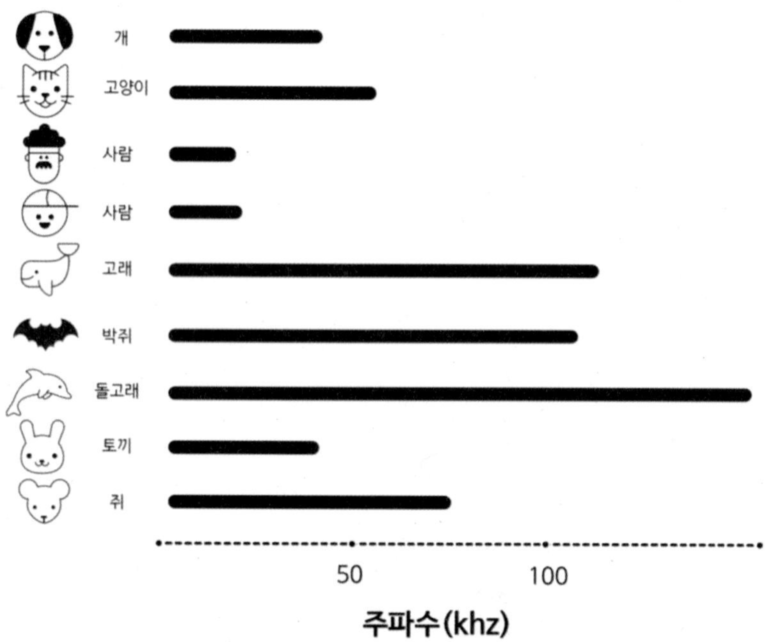

여러 동물의 가청 주파수를 보여주는 도표로 대부분의 포유류는 사람에 비해 가청 주파수가 높은 주파수 대역까지 들을 수 있게 넓다. 즉 높은 소리나 초음파까지도 들을 수 있다(위쪽이 있는 사람은 남자이고 아래쪽에 있는 사람은 여자임).

그러나 다른 포유류의 가청 주파수를 비교하여 보면 호모 사피엔스의 청력은 보잘 것 없다. 특히 돌고래(porpoise)는 높은 가청 주파수는 150,000Hz 정도이다. 우리의 조상들이 침팬지처럼 숲에서 오랜 기간 살아 청각의 발달이 필요하지 않았음을 보여준다. 그나마 호모 사피엔스가 숲에서 나와 초원에서 살게 되면서 청각이 중요하게 되었기 때문에 청각이 사람의 말소리를 잘 알아듣도록 약간 발달하는 쪽으로 진화를 하였지만, 진화학적 시간으로 보면 호모 사피엔스가 숲에서 나와 초원에서 살게 된 기간은 상대적으로 매우 짧기 때문에 청각의 큰 변화는 없었다.

세계보건기구(WHO)에서 실시한 연구에 의하면 2030년에 유행할 병 10가지 중 청력소실(hearing loss)이 들어있다. 다른 질병들, 예를 들어 우울증, 치매, 뇌혈관질환 등의 질환은 그 호발 가능성을 어느 정도 예측할 수 있다. 청력손실이 호발 질환에 왜 들어갔을까? 이는 아마도 과학의 발전으로 사람들 특히 젊은이들이 음악을 듣기 위해 이어폰이나 헤드폰을 사용하는 것과 밀접하게 관련되어 있을 것이다. 호모 사피엔스가 사바나 초원에서 위험을 감지하거나 먹잇감을 찾는 데 청각은 필수적인 것이었다. 현대를 사는 우리 인간은 초원과 같은 예민한 청각이 필요한 사회에 살고 있지 않아서 더 이상 청각을 발달시킬 필요가 없게 되었고, 오히려 청각을 손상시키는 도구(이어폰과 핸드폰 등)를 사용하고 있다. 언젠가는 동물 중에서 청력이 가장 뒤떨어진 동물이 될지도 모른다.

빨간 앵두 같은 입술

코 밑에는 음식물을 먹고 말을 하는 데 필요한 입이 있다. 입 주위에는 입술이라는 도톰한 구조가 있으며, 붉은 색을 띠는 피부로 되어 있다. 다른 동물들도 입술을 가지고 있으나 사람만큼 눈에 띠지는 않는다. 사람의 입술이 왜 도톰하고 붉은지 알아보자.

우선 먼저 입의 구조를 살펴보자. 입은 원래 먹기 위해서 존재한다. 뱀 같은 경우에는 자신의 몸통보다 크게 입을 벌려 큰 먹잇감을 삼킬 수 있으며, 포유류의 입은 먹잇감에 적합하도록 입이 발달되어 있다. 대부분의 동물들도 기본적으로는 사람과 유사한 입 구조를 하고 있다. 그러나 자세히 살펴보면, 대부분의 동물들은 입 주위에 입술이라고 불릴 만한 구조가 있기는 하지만 눈에 띠는 붉은 입술은 사람과 침팬지 정도에서 볼 수 있는 독특한 구조인 것이다.

우리가 붉은 입술하면 떠오르는 것이 여자의 섹시함이다. 홍미로운 것은 대부분의 여자들은 붉은 입술을 더 붉게 보이기 위해 붉은 색깔 계열의 립스틱을 바르고 산다는 것이다. 데즈먼드 모리스는 〈털없는 원숭이〉에서 사람의 입술이 붉은 것은 사람이 직립함으로써 여자의 성기인 대음순 소음순을 잘 보여줄 수 없게 되어 유방과 마찬가지로 붉은 색을 띠는 성기의 대치물이기 때문이라고 하였다. 데즈먼드 모리스의 주장이 일리는 있는 것 같지만 과연 그럴까?

먼저 입술이 붉은 이유부터 살펴보자. 입술에는 모세혈관이 피부 가까운 곳에 많이 분포하고 표피가 얇아 입술이 붉게 보인다고 흔히 알려져 있으나 그렇지 않다. 입술은 몸의 다른 피부보다 오히려 더 두꺼우며, 얼굴의 피부 두께와는 유사하다. 그렇다면 왜 입술의 피부가 붉게 보일까? 이는 표피의 구성성분이 일반 피부와는 달리 엘레이딘(eleidin)이라는 투명한 단백질이 표피에 많기 때문에 표피 아래 진피에 있는 모세혈관이 비쳐 붉게 보이는 것이다.

입술은 왜 도톰할까? 앞서 살펴본 바와 같이 입은 음식물을 입에 넣기 위해 벌리고 숨을 쉴 때도 벌릴 수 있다. 사람의 경우에는 음식물과 숨 쉬기 위함보다 말하기 위해 수시로 입을 사용한다. 사람의 얼굴에는 다른 동물에 비해 표정근(expression muscles)이 잘 발달되어 있어 다양한 표정을 지을 수 있다. 이 표정근 중에 여러 근육이 입술에 와 있어 입을 다양한 모양을 열고 닫는 역할을 하고 있다. 따라서 입술이 도톰하다는 것은 입을 움직일 수 있는 근육 특히 입을 두르고 있는 입둘레근(orbicularis oris)이 발달되어 있기 때문이다.

입술의 특징은 털(솜털)이 없으며 보통 피부에 있는 기름샘이 없다.

입술이 잘 마르는 이유는 이런 기름샘이 없는데에서 연유한다. 또 다른 입술의 중요한 특징은 많은 감각신경이 분포하여 감각이 매우 예민한 곳이라는 점이다.

여기서 사람과 침팬지의 입술을 해부학적으로 비교해 보자. 침팬지의 입술은 사람에 비해서 붉지 않은 입술일 가지고 있다. 흥미로운 사실은 정면에서 보았을 때 침팬지의 입술의 끝이 눈의 위치보다 바깥쪽까지 뻗어 기다란 입 모양을 하고 있다는 것이다. 반면에 사람의 입술 끝은 눈동자를 벗어나지 않는다. 다시 말해 침팬지에 비해 작은 입을 가지고 있는 것이다. 입이 크다는 것은 입을 벌리기만 하여도 큰 음식물을 입에 넣을 수 있는 장점이 있다. 사람은 턱이 뒤로 후퇴하면서 입도 작아졌다. 이러한 문제점을 극복하기 위해서는 탄력적인 입술의 구조가 필요하다.

여기서 엘레이딘이라는 단백질에 주목할 필요가 있다. 이 엘레이딘은 기본적으로 손바닥이나 발바닥처럼 자극을 많이 받는 부위의 표피에 존재하는 단백질로서 투명한 속성을 보인다. 사람은 다른 동물과 달리 많은 말을 하기 위해 끊임없이 입술을 움직인다. 즉 입을 크게 또는 작게 다양한 입 모양을 하면서 손바닥이나 발바닥처럼 표피가 계속 자극을 받게 되는 것이다. 그 결과 대부분의 동물들은 발바닥 또는 손바닥은 태어날 때부터 다른 피부보다 두꺼우며 탄력 있고 투명한 엘레이딘이라는 단백질을 가지도록 진화를 하였다. 결국 사람의 입술 피부에 엘레이딘의 발현이 증가되고 입술이 투명해져 진피에 있는 모세혈관이 비쳐 보이게 되어 입술이 붉게 보이는 것이다.

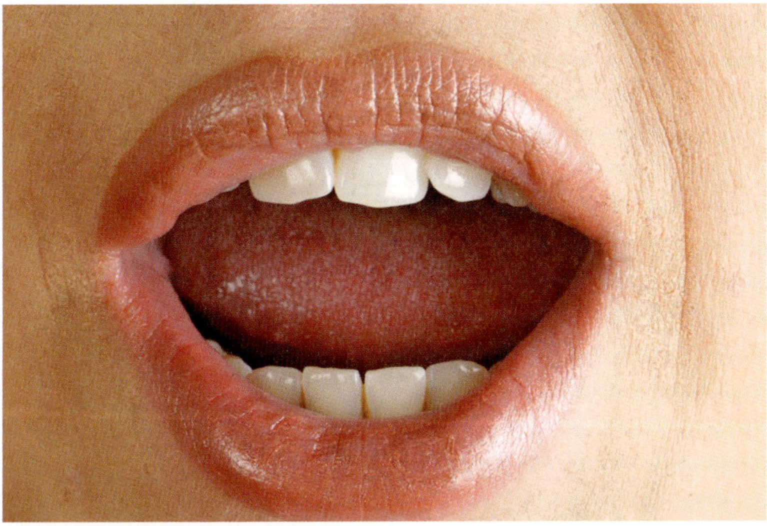

(위쪽) 사람은 도톰하고 붉은 입술을 가지고 있다. (아래쪽) 침팬지는 입술이 사람에 비해 옆으로 길게 뻗어 있으며, 사람에 비해 얇고 붉지 않은 입술을 가지고 있다.

전형적인 포유류의 모습을 가지고 있는 개를 보면 개도 입술을 가지고 있지만 사람처럼 붉지 않고 대부분 불투명하고 짙게 착색되어 있다. 대부분의 포유류는 아래턱과 위턱이 튀어나와 턱이 뾰쪽하게 튀어나와 있으며 이 튀어나온 턱의 대부분을 두르는 입술이 존재한다. 다시 말해 사람과는 비교가 되지 않을 정도로 큰 입과 입술을 가지고 있는 것이다. 이와 같은 구조에서 한 가지 알 수 있는 사실은 개는 입을 열고 닫고 하는 정도의 운동 밖에 할 수 없지만 그 정도의 턱 운동만으로도 입을 크게 벌리는 데 충분하여 탄력 있는 입술이 필요 없다.

사람은 턱이 뒤로 후퇴하여 입술의 길이가 줄어들 수밖에 없었다. 입술의 길이가 그냥 줄어들면 입을 크게 벌릴 수 없어 큰 음식물을 입에 넣는 등의 중요한 일을 하는데 문제가 생겼을 것이다. 이를 극복하기 위해 입 주위에 근육의 분포가 발달하여 입을 크기 벌릴 수 있는 쪽으로 진화가 진행되었다. 입술의 조직이 다른 피부와 유사하여 신축성이 없으면 입을 크기 벌릴 때 입술이 손상될 수 있어 탄력성 있는 엘레이딘 단백질이 입술 표피에 많게 진화를 하였다. 마침 엘레이딘 단백질이 투명한 성질을 띠고 있어 진피에 있는 모세혈관이 보여 입술이 붉게 보이게 된 것이다. 사람의 입술을 자세히 살펴보면 수직으로 많은 주름이 있어 입이 커지는데 입을 크게 벌리는 데 적합한 구조를 하고 있다.

사람의 입술을 가까이 본 사진이다. 입술에는 수직으로 뻗어있는 주름이 많이 존재한다.

입술은 입술을 잘 움직여 입술과 입술이 만나거나 입술과 치아 또는 입술과 입천장과 만나게 하여 다양한 소리를 낼 수 있는 언어를 구사하는 데 중요한 역할을 한다. 사람의 턱이 뒤로 후퇴하여 성대가 있는 후두가 목 쪽으로 내려갔다. 길던 입술이 작아는 졌지만 탄력성 있는 입술과 많은 신경과 근육의 분포로 언어 구사를 자유롭게 할 수 있는 해부학적 구조를 가지게 된 것이 인류의 번성에 큰 역할을 하였다.

남자들은 그렇지 않지만 여자들은 자주 입술에 붉은 립스틱을 바른다. 우리는 '립스틱 짙게 바르고' 라는 유행가에서 보는 바와 같이 앵두 같은 입술이나 붉은 립스틱에서 '성 또는 사랑'을 연상한다. 데즈먼드 모리스의 주장은 많은 여자들이 붉은 립스틱을 바르고 산다는 점에서 설득력이 있을 것 같은 이론이라 할 수 있지만, 입술이 여성의 성기를 모방한 것이라는 이론은 지나친 것이다. 데즈먼드 모리스의 성적인 이론은 폐기되어야 마땅하다고 본다.

입술의 감각이 발달하여 남녀 간의 사랑을 할 때 키스를 하는 데 입술을 사용한다는 점에서는 성적인 측면이 분명히 있기는 하다. 입술에는 손가락과 더불어 접촉에 예민하게 반응하는 마이스너소체(Meissner's corpuscle)라는 촉각소체가 발달하여 기분을 좋게 하거나 성적으로 흥분을 하게 만들기도 하는 것이다. 사람과 가장 가까운 친척인 침팬지도 사람만큼 뚜렷하지는 않지만 붉은 입술을 가지고 있으며 사람처럼 가끔 성파트너와 키스도 한다.

그렇다면 여자들이 빨간 립스틱을 바르고 사는 것을 진화적으로 어떻게 해석을 해야 할까? 손톱 자라나기 시작하는 부위의 붉은 색깔과 붉은 입술을 연관시켜 볼 수 있다. 붉은 손톱은 의학적으로 혈액순환이 잘 된다는 것으로 건강함을 간접적으로 보여준다. 마찬가지로 붉은 입술도 상대방에게 건강함을 보여주는 것으로 특히 여자의 건강함은 번식의 성공(reproductive success) 가능성을 높여주는 것으로 연결되어 남자들은 이에 대해 호감을 느끼게 되었을 것이다.

앞서 살펴본 바와 같이 붉은 입술은 얇은 표피와 표피 아래의 많은 혈관에 의한 것이 아니고 단지 입술을 덮고 있는 표피가 그 안쪽에 있는 혈관이 잘 보이도록 투명한 것에 기인한다는 것을 볼 때 직접적으로 건강함을 표시하는 것은 아니지만 생기 있고 건강해 보이는 것은 분명하다. 그렇게 때문에 여자들은 '붉은 립스틱'을 입술에 발라 자신이 생기 있고 건강함을 표시하고자 했으며 이는 번식의 성공에 도움이 될 수 있었다. 이러한 붉은 입술에 대한 호감은 결국 남자들에게 '섹시함'으로 느껴

질 수 있는 것이다.

부가적으로 음식물을 먹고 자유자재로 언어를 구사하기 위해서는 입술에 운동신경뿐만 아니라 감각신경도 발달하게 되었다. 특히 감각신경이 발달하여 입맞춤(키스)이라는 하나의 성적인 행위로 발전하였는데 이와 같은 양상은 진화의 한 부산물(스팬드럴, spandrel)이라 할 수 있다.

스팬드럴(spandrel)

스팬드럴은 진화 과정에서 적응선택(adaptive selection)의 직접적인 결과가 아니라, 어떤 진화적 특징의 부산물 형태의 진화양상을 뜻한다. 원래 스팬드럴은 천장과 이웃한 아치 사이에 생기는 삼각형의 구조이다.(사진의 노란 삼각형 부분) 이 구조는 한동안 쓰임새가 없었지만 예술가들이 이 구조물에 디자인하고 그림을 그려 건축물을 더 아름답게 할 수 있었다. 스티븐 제이굴드(Stephen Jay Gould)와 리차드 르윈틴(Richard Lewontin)은 원래는 적응에 필요하지 않았지만 진화과정에서 이차적인 부산물이 건축에서 말하는 스팬드럴과 유사한 성격을 가지고 있어 이를 차용하여 진화의 한 개념으로 사용하게 되었다.

요약하면 사람은 턱이 뒤로 후퇴하면서 입이 작아졌고, 이를 극복하고자 입술에 입을 움직일 수 있는 근육이 발달하여 입술이 도톰해졌고, 입이 잘 커지고 작아지도록 탄력성 있고 투명한 단백질이 입술 표피에 많아져 진피 속에 있는 모세혈관이 보이게 되어 입술이 빨개진 것이다. 본인의 입술이 전보다 붉지 않으면 건강상태가 좋지 않음을 의심할 것이 아니라, 입술을 많이 사용하지 않았기 때문이라고 생각하고 다른 사람들과 즐거운 대화도 나누고 노래도 부르면 엘레이딘의 발현이 증가하여 입술이 붉어지는 데 도움이 될 것이다.

하품은 왜 나오나?

사람이 졸릴 때에는 하품을 한다. 하품을 하는 과학적인 이유에 대해 여러 가지 의견이 있지만 그 원인과 생리적 의의는 잘 밝혀져 있지 않다. 일반적으로 공기 중에 산소는 적고 이산화탄소가 많으면 입을 크게 벌리고 길고 깊게 숨을 쉬는 호흡동작이라 알려져 있지만, 하품은 여전히 풀리지 않는 수수께끼이다.

하품은 대부분의 동물에서 나타나는데, 흥미로운 점은 하품이 전염된다는 사실이다. 사람도 만찬가지로 옆에 있는 사람이 하품을 하면 그 영향을 받아 근처에 있는 사람도 하품을 하게 되는 전염성을 보인다는 것이다. 주로 하품의 전염은 밀폐된 공간에서 나타나기 때문에 이 공간에 여러 사람이 있으면 산소 농도가 떨어져 너도 나도 하품을 하게 된다는 것이 많이 알려진 이론이지만 이에 대한 많은 반론이 있다.

런던대학의 센주 아츠시 교수 연구팀은 자폐아가 하품을 하는 영상을 보고 하품을 하는 빈도가 정상 아동에 비해 떨어진다는 사실을 발견하였다. 그래서 이 연구팀은 하품의 전염이 공감 능력에 기인한다고 주장하였으며, 같은 그룹 내 개체들이 서로 깨어 있도록 독려해 위험을 최소화하기 위함이라고 추정하였다.

반면에 뉴욕 올버니대학의 갤럽 박사 연구팀은 하품을 하는 것이 뇌에 더욱 차가운 공기를 전달하여 사람이 깨어있는 상태를 유지하는 데 도움이 되기 때문이라는 것이다. 코 속에 있는 혈관은 혈액의 온도가 낮아지게 할 수 있는 구조로 온도가 내려간 혈액을 뇌로 전달된다. 따라서 입으로 호흡하는 사람이 코로 호흡하는 사람보다 하품을 많이 한다는 사실에 바탕을 둔 이론이다.

갤럽 박사는 센주 아츠시 교수 연구팀과 유사한 주장을 하면서 침팬지, 난쟁이 침팬지, 개코원숭이를 대상으로 실시한 연구에서 하품은 낯선 타자들보다는 가족과 친지 사이에서 더 빈번하게 나타난다고 하였다.

하품은 전염되기도 하지만 기본적으로는 혼자 있을 때에도 하품을 자주 한다. 이는 하품을 이해하기 위해서는 개인의 하품을 먼저 살펴볼 필요가 있음을 말해준다. 하품은 우리 의지와 상관없이 터져 나오는 무의식적인 반사작용이다. 다시 말해 하품은 자율신경계의 지배를 받는다는 것이다. 교감신경계는 응급 상황에서 작동되는 신경시스템이고 부교감신경은 반대로 편안한 상태에서 작동되는 신경시스템이다. 하품은 응급 상황에서 나오는 것이 아니라 주로 편안한 상태에서 나온다. 즉 하품은 부교감신경계의 활성화와 관련되어 있다.

갤럽 박사의 하품에 대한 생리학적 연구 결과를 보면 하품 할 때 맥박수와 호흡량이 일시적으로 증가한다. 영국의 톰슨 박사는 피곤할 때 스트레스 호르몬인 코티솔이 혈중에서 증가되었을 때 하품을 하여, 코티솔 호르몬과 하품이 밀접한 관련이 있다고 주장하였다. 코티솔 호르몬은 교감신경계의 자극으로 분비가 증가한다. 즉 하품을 하는 순간에는 부교감신경이 아닌 교감신경이 일시적으로 활성화되는 것이다.

사람은 피곤해지면 지친 몸을 쉬게 해야 하고 이를 위해 부교감신경계가 활성화되어야 한다. 부교감신경계가 활성화도면 심장의 박동이 느려지고 호흡도 느려지게 된다. 따라서 혈중에 산소가 부족하게 되어 하품을 통해 일부 산소를 보충하게 되는 교감신경의 반사작용이 나타나게 된 것이라고 본다. 다시 말해서 앞에서 이야기한 외부의 산소 부족이 아니라 부교감신경 활성화에 의한 산소 부족 즉 '내부의 산소' 부족이 발생하지 않게 하기 위함이라고 본다.

졸린다는 것은 몸의 활력을 둔화시켜 잠을 통해 쉬고자 하는 상태이다. 몸의 활력이 줄어 있다는 것은 부교감신경계가 활성화되면 잠을 자는 쪽으로 유도한다. 잠이 든다는 것은 위험 요소(특히 포식자)로부터 경계심이 없어짐을 뜻하므로 잠이 들락 말락 할 때 잠시의 하품으로 잠에 빠져들지 않는 데 도움을 줄 수 있다.

주목할 사실은 갤럽 박사가 지적한 바와 같이 하품은 낯선 사람보다는 가족 같은 편안한 사이에서 더 빈번하게 일어난다는 것이다. 사람이 경쟁자나 대면하기 어려운 사람과 같이 있으면 교감신경이 활성화되어 심장 박동수와 호흡수가 증가되어 있어 하품할 이유가 없다. 그러나 편안한 사람과 같이 있으면 부교감신경계가 활성화되어 심장의 호흡수가 감소하여 하품이라는 반사작용이 필요하게 되는 것이다. 사람이 무료하고 지루해 한다는 상황은 교감신경계가 아닌 부교감신경계가 활성화되어 있는 상태이므로 보상작용으로 하품을 자주 하게 되는 것이다.

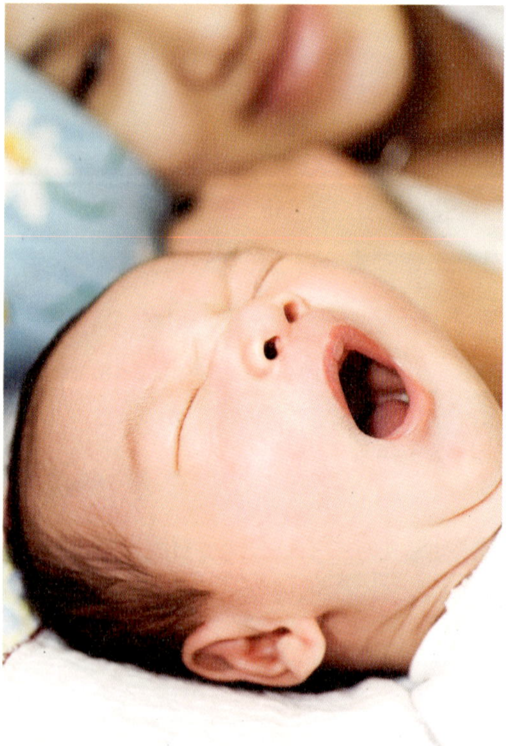

아기는 졸리거나 마음이 편안할 때 하품을 한다.

크게 하품을 하면 눈물이 나는 것을 경험했을 것이다. 눈물은 눈의 위쪽에서 만들어져 눈 안쪽으로 모여 코눈물관(nasolacrimal duct)을 통하여 코로 흘러들어간다. 입을 크게 벌리면 코 근처에 있는 근육들이 수축을 한다. 하품을 할 때에는 저절로 입이 크게 벌어져 코 주변 근육들이 코눈물관을 누른다. 코눈물관으로 들어가 코로 가지 못한 눈물은 넘쳐흘러 눈에서 얼굴로 '눈물'이 흘러내리는 것이다.

하품의 전염성에 대해서는 어떻게 해석을 해야 할까? 지금까지 많이 거론된 것 즉 하품의 전염은 같은 그룹 내 개체들이 서로 깨어 있도록 독려해 위험을 최소화하기 위함이라는 것이다. 상대방이 하품을 한다는 것은 응급상황(예를 들어 싸움을 걸음)이 아닌 지속적으로 편안한 상태로 부교감신경이 활성화되어 있음을 나타낸다. 다른 상대방도 무의식적으로 동화되어 경계심을 풀고 편안한 부교감신경이 활성화되기 때문일 것이다. 필자의 주장은 앞서 이야기 한 바와 같이 낯선 사람보다 편안한 사람이 있는 데서 하품을 더 하게 된다는 사실에서 출발한다. 한 무리가 편안한 상태로 부교감신경이 활성화되어 경계심이 약화될 때 한 개체의 하품하는 행동(약간의 소리도 남)은 다른 개체들의 하품을 자극하여 서로 깨어 있도록 독려하는 것처럼 보일 수 있다. 그러나 실제로는 그 반대로 경계심을 푸는 편안한 상태 또는 피곤함 등으로 휴식을 필요로 할 때 나타나는 생리적 현상이다. 하품의 전염성이 서로 깨어있도록 하는 독려하는 것과는 관련 없다고 본다.

결론적으로 하품은 편안함을 위해 활성화되어 있는 부교감신경계의 작용에 대한 보상으로 심박수와 호흡량이 증가하는 일시적인 교감신경계의 반사작용이라고 할 수 있다.

드라큘라는 우리 조상의 모습이다.

드라큘라는 브램 스토커가 1897년 발표한 소설에 나오는 인물로 사람의 피를 빨아먹은 흡혈귀이다. 이러한 드라큘라가 우리 조상의 모습이라고 한다면 이를 수긍한 사람이 과연 몇이나 될까?

우리가 애완동물로 키우는 개나 고양의 이빨을 보면 날카로운 송곳니를 가지고 있다. 물론 가장 사나운 맹수들인 사자나 호랑이도 날카롭고 큰 송곳니를 가지고 있다. 우리와 친척이라고 할 수 있는 침팬지도 날카로운 송곳니를 가지고 있다. 이와 같이 포유류의 상당수 조상은 견치류(犬齒類, cynodonts)이며 사람도 견치류에 속한다. 견치류는 말 그대로 개와 같은 날카로운 송곳니를 가지고 있었고, 다리가 몸의 아래로 가서 민첩하게 움직일 수 있었던 동물이다.

포유류의 송곳니는 동물을 먹이로 삼는 육식동물이나 잡식동물에서는 중요한 무기가 되기 때문에 크고 날카로운 송곳니가 발달하였다. 반면에 사슴, 소 등 초식동물은 날카로운 송곳니가 필요 없게 되어 다른 이빨과 구분이 잘 안 될 정도로 무디어졌다. 우리의 먼 조상인 오스트랄로피테쿠스 시절부터 발견된 화석을 관찰할 결과 송곳니가 날카롭지 않았다는 사실이 확인되었다. 이는 우리의 조상이 나무에서 내려와 초원에서 살면서 오랜 기간 열매나 곡식을 채집하여 채식 위주의 생활을 했음을 보여준다. 그러나 식생활의 문제로만 설명하기에는 부족한 면이 있다.

우리와 가까운 친척이라고 할 수 있는 침팬지도 호모 사피엔스와 유사하게 잡식성이지만 채식 위주의 생활을 한다. 그럼에도 불구하고 침팬지의 송곳니는 드라큘라처럼 날카롭다. 날카로운 송곳니는 먹잇감을 포획하는 무기일 뿐만 아니라 상대방과의 싸움에 사용하는 무기이다. 초식동물은 먹이에 맞게 이빨이 진화하여 송곳니가 무디어졌다. 이를 보완하기 위해 '뿔'을 가지고 있고, 코끼리 같은 경우에는 위쪽 앞니가 발달하여 뿔과 유사한 기능을 하는 상아를 가지고 있다.

(위쪽) 사람과 유전자가 98.6%가 같은 침팬지는 위턱과 아래턱에 날카로운 송곳니를 가지고 있다. (아래쪽) 드라큘라는 위턱에 날카로운 송곳니를 가지고 있다. 그러나 상상 속의 인물이라 보통 드라큘라의 아래턱에는 날카로운 송곳니가 없는 경우가 많다.

우리 호모 사피엔스도 견치류를 조상으로 하는 포유류이며 침팬지와 유사한 잡식성 동물인데 왜 송곳니가 무디어졌을까? 우리 조상들이 초원에서 살면서 팔을 자유롭게 사용할 수 있게 됨에 따라 우리 조상들의 최대 무기로 날카로운 송곳니가 꼭 필요하지 않았다. 주먹질을 할 수 있는 '손'과 돌, 창, 칼 등을 사용할 수 있는 '팔'이 그 역할을 대신 하게 되어 날카로운 송곳니나 뿔이 필요 없게 된 것이다.

흥미로운 사실은 영화나 드라마에서 흡혈귀인 '드라큘라'의 이빨을 자세히 보면 드라큘라는 날카로운 송곳니를 가지고 있다는 점이다. 결국 드라큘라의 이빨 모습은 우리 조상의 모습인 것이다. 그럼에도 불구하고 사람들은 드라큘라를 무서워한다. 진화심리학적으로 우리는 뱀에게 물리는 두려움으로 대부분의 사람이 뱀을 무서워한다. 흡혈귀로 상징이 되는 드라큘라의 송곳니는 우리 조상의 모습보다는 우리 조상들을 계속 괴롭혀 온 사자, 호랑이와 같은 맹수가 연상되었을 것이기 때문일 것이다. 이러한 두려움은 배우자를 선택하는 성선택의 과정에도 반영되어 우리 조상들의 송곳니가 무뎌지는 것이 가속화되었을 것이다.

대부분의 사람은 날카로운 송곳니를 발현하는 유전자가 억제되어 무딘 송곳니를 가지고 있지만 간혹 드라큘라에 버금가는 날카로운 송곳니를 가진 사람도 있다. 드라큘라가 나오는 영화를 볼 때 흡혈귀로만 보지 않고 우리 조상의 모습을 떠올린다면 이 책을 쓴 사람으로서 보람을 느낄 것이다.

진화학적 입장에서 본 '齒'자

최근에 사람의 치아에서 또 다른 변화가 일어나고 있다. 치아의 수가 줄어들고 있다는 것이다. 원래 호모 사피엔스는 생후 1년 정도가 되면 이가 나기 시작하여 6살 정도에 20개의 치아가 난다. 이렇게 난 유치 이빨은 하나 둘씩 빠지고 다시 영구치가 나게 되는데 어른이 되면 총 32개의 치아를 가지게 된다.

현재 이를 뜻하는 한자는 '齒'이다. 이 한자 아래에 있는 'ㅅ'은 뾰쪽한 이의 모양을 뜻한다고 알려져 있다. 공교롭게도 'ㅅ'은 '여덟 8'과 모양이 유사하여 사람이 치아 개수가 32개라는 사실을 담고 있다고 볼 수 있다. 사람은 현재 32개의 이를 가지고 있지만, 무른 음식을 먹어서인지 치열이 고르지 못하고 셋째큰어금니(사랑니)가 나지 않는 사람들이 많아지고 있다. 즉 28개로 줄어들고 있다. 그래서 언젠가는 대부분의 사람들에서 치아의 수가 줄어들면 치아의 나타내는 한자도 아래와 같이 바뀔 수도 있지만 그 가능성은 많지 않다.

단지 사람들의 치아 수가 감소하는 쪽으로 진화를 하고 있다는 사실을 한자를 통해 표현해 보았다는 데 의미를 두고 싶다.

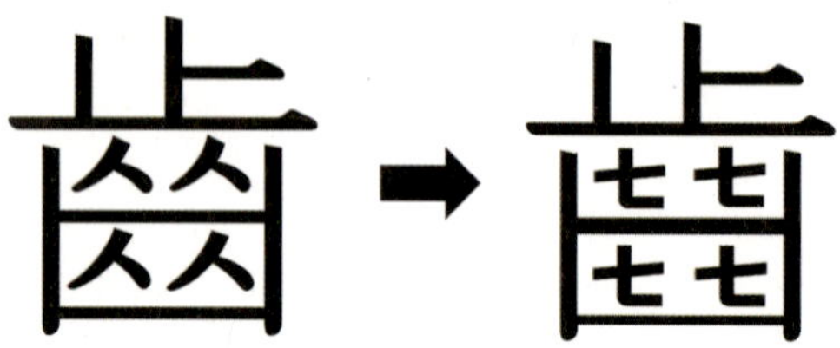

2부

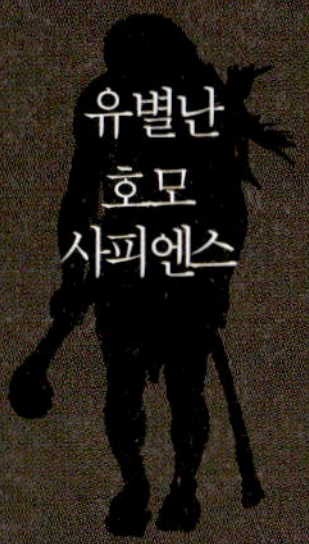

섹시한 호모 사피엔스

내 살 속으로 천천히 미끄러져 들라
내 젖가슴 후미진 곳까지

그 날랜 고개를 빳빳이 들고
혀를 날름거리며 적기를 노리다 기어이
내 몸 속 깊이 사랑의 독소를 내뿜어라

이선영의 〈뱀〉 중

사람은 왜 수유기가 아닌데도 젖가슴이 부풀어 있나?
몽땅한 젖꼭지와 착색된 젖꽃판(유륜)
왜 동양인보다 서양인의 젖가슴이 더 큰가?
사람에게서 배란기 신호는 왜 없어졌나?
사람의 음경에는 왜 음경뼈가 없나?
색을 밝히는 호모 사피엔스

사람은 왜 수유기가 아닌데도 젖가슴이 부풀어 있나?

만일 외계인이 지구를 관찰하고자 왔다면 생물체 중에 유별난 '사람'이 가장 먼저 눈에 띄였을 것이다. 외계인들은 첫째로 사람(여자)이 수유기가 아닌데도 젖가슴(유방)이 부풀어 오르는 것을 보고 잘 이해할 수 없었을 것이다.

생물학적으로 유방은 대부분의 동물에서 새끼에게 젖을 먹이기 위한 기관으로 평소에는 유방이 부풀어 있지 않다가 새끼를 낳은 후 수유를 위해 유방이 부풀어 오르고 젖이 나오게 된다. 새끼를 낳게 되면 뇌하수체에서 프로락틴(prolactin)이라는 호르몬이 분비되어 젖샘을 자극하고 유즙 분비를 촉진하여 수유를 할 수 있게 된다.

그러나 사람의 경우에는 수유기와 관련이 없는 시기인 사춘기가 되면 모든 여자는 젖가슴이 부풀어 오른다. 그렇다고 젖이 나오는 것은 아니다. 이와 같이 젖가슴의 유별난 진화 양상을 제대로 이해하는 것은 사람의 본성과도 연결되는 중요한 문제이다. 데즈먼드 모리스는 종족보존 또는 번식의 성공에 매우 중요한 유방을 수유 기능보다 섹시한 심벌로서의 역할이 더 많다고 주장하였는데 이에 대해 철저한 검증이 필요하다.

젖은 유즙을 분비하는 생식기관으로 앞가슴벽에 가장 두드러진 구조물로 젖샘과 받쳐주는 조직인 섬유성 조직으로 구성되어 있다. 성인 여자의 젖은 가슴우리 앞의 큰가슴근(pectoralis major muscle) 앞의 2-6번째 갈비뼈 높이에 위치한다. 젖에서 가장 두드러진 곳을 젖꼭지(nipple)라 하며 젖꽃판(areola, 유륜)이라는 멜라닌색소 침착이 심한 피부구역 주위에 있다.

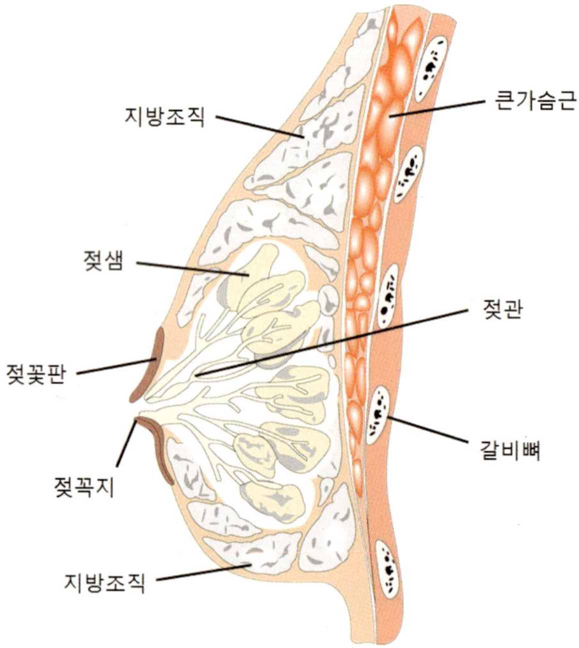

성인 여자의 젖가슴 단면도이다. 많은 지방조직 가운데에 젖샘(유선)이 있고 젖관(유관)이 젖꼭지와 연결되어 있다.

남자의 젖은 매우 작고 분비기능이 없으나, 여자는 사춘기가 되면 젖샘과 젖꼭지가 뚜렷하게 발달하고 젖샘사이에 지방조직이 축적되면서 젖 자체가 커지는 이차성징 현상이 나타난다. 젖의 크기와 모양은 개인에 따라 차이가 나며, 나이, 성별, 성호르몬의 분비정도, 영양상태, 유전적 요수, 수유 유무에 따라 달라진다.

사람의 젖이 수유기가 아닌데도 부풀어 오르는 이유는 당연히 진화학적 관점에서 바라보아야 할 것이다. 그러나 사람의 뼈는 썩지 않고 남아 있는 경우가 있어 이를 바탕으로 사람의 진화 양상을 밝혀내기도 하지만, 젖과 같은 살 조직은 썩어서 없어져 진화학적 연구도 한계가 있다. 화석으로 남아 있지 않은 젖을 대상으로 진화학적 연구를 하는 것은 쉽지 않은 일이다. 그렇기 때문에 이와 관련된 연구는 드물며 관련 연구도 가설의 수준에 머무를 수밖에 없다.

영국의 동물학자 데즈먼드 모리스는 그의 저서〈털없는 원숭이〉에서 사람이 직립을 하여 성파트너에게 엉덩이를 보여줄 기회가 줄어들어 섹시한 엉덩이를 대치하는 것이 젖이라고 주장하였다. 또한 그의 저서 〈바디워칭〉에서 다음과 같이 주장하였다.

> '한 여자의 가슴에 한 쌍의 모방적 엉덩이(mimic-buttocks)가 진화함에 따라 그녀의 상대에게 등을 돌리지 않더라도 원초적인 성 신호를 계속해서 전달하게 되었다. 사람의 유방을 관찰한 결과 수유기에 1/3가량 부피가 늘어남을 볼 때 나머지 2/3의 유방은 젖을 먹여 자기 자식을 돌보는 모성(母性)보다 성적인 역할이 더 많다.'

반면 미국의 진화학자인 켄트는 사람의 임신기간이 짧아지고 상대적으로 양육기간이 길어짐에 따라 여자의 수유는 중요한 것이 되었으며 초기 인류는 채집이나 수렵으로 획득하는 음식 확보가 불안정하여, 음식이 부족하여 잘 먹지 못할 때에도 수유에 지장이 없도록 지방을 몸 특히 젖에 저장하기 위해 젖이 수유기가 아닌데도 부풀게 되었다고 주장하였다.

데즈먼드 모리스가 주장하듯이 현재의 우리 인간의 성적인 것과 관련한 여러 가지 행태들(대표적인 예로 젖이 작은 여자가 성형외과에 가서 가슴성형 수술을 하는 경우)을 보면 사람의 젖은 모성적인 것뿐만 아니라 성적인 역할이 있다는 것은 부정할 수 없는 사실인 것 같다. 그러나 '모방적 엉덩이' 이론은 다시 생각해 볼 여지가 있다.

사람이 직립의 자세로 활동하는 자세로 진화하면서 엉덩이가 퇴화하거나 작아지지 않았다. 일반적인 상황이라면 가슴에 모방적 엉덩이가 있을 이유가 없는 것이다. 또한 우리와 가까운 친척인 침팬지의 경우 배란기가 되면 엉덩이가 빨갛게 되어 수컷이 배란기임을 쉽게 알아차릴 수 있다. 평상시의 엉덩이는 수컷에게 의미가 없고 빨개진 엉덩이만 수컷 원숭이에게 의미가 있다. 데즈먼드 모리스가 주장하는 모방적 엉덩이 이론은 기본적으로 엉뚱한 이론은 아니지만 직립 자세만으로는 설명이 불충분하다.

진화에서 번식의 성공(reproductive success)은 매우 중요한 문제이다. 양육을 위한 섹시함도 번식의 성공과 관련있을 수 있지만, 에너지 저장을 위해 젖이 부풀었다는 켄트의 가설이 설득력이 있다. 그러나 이 이론도 에너지를 저장할 곳이 젖 말고도 많다는 점에서 생각해 볼 부분이 있다. 낙타의 경우에는 에너지를 등에 봉우리 모양으로 만들고 그곳에 지방을 저장한다. 사람의 경우에도 등에 봉우리를 형성하여 지방을 저장할 수 있고 몸 전체에 골고루 지방을 저장할 수 있다. 그러나 가장 눈에 띠는 곳에 지방을 저장하는 것이 유리하기 때문에 가슴부위가 일차적으로 좋은 위치이며 엉덩이가 그 다음 부위가 될 수 있다.

젖가슴에 지방을 저장함은 단순한 에너지를 저장한다는 의미에 추가적으로 젖을 많이 생산하여 아기를 잘 키울 수 있다는 생각을 들게 하였을 것이다. 지방이 많이 저장되어 크게 보이는 엉덩이는 아기가 잘 클 수 있는 큰 골반을 가지고 있다는 추가적 의미가 더해졌을 것으로 여자의 지방 축적은 젖가슴과 엉덩이에 집중되도록 진화를 하였다.

우리의 조상들은 머리(뇌)가 커짐에 따라 출산을 앞당길 수밖에 없었고, 이에 따라 양육기간이 길어지게 되었다. 현생 인류가 채집과 수렵 특히 사냥을 하여 실패한 경우 음식이 부족한 사태가 종종 벌어졌을 것이다. 양육기간이 긴 우리 조상들은 젖가슴에 지방을 많이 비축한 여자가 양육을 잘 할 수 있었고, 남자들도 젖가슴이 큰 여자를 선호할 수밖에 없었다. 남자들이 큰 유방과 큰 엉덩이를 섹시하다고 느낀다. 그 근원은 여자들의 큰 엉덩이는 아기를 잘 낳을 수 있고, 큰 유방은 아기를 잘 키울 수 있다는 몸 상태를 보여준다는 것에 대한 호감에서 비롯되었을 것이다.

남자는 살이 찌면 뱃살 즉 내장에 지방이 쌓이지만, 여자는 남는 에너지를 주로 피부밑에 지방으로 저장을 한다. 피부는 온 몸을 감싸고 있어 많은 지방 즉 에너지를 축척할 수 있다. 여자의 유방은 사춘기가 되면서 지방세포가 다른 부위보다 많아져 지방이 축적된다. 여자들이 피부에 골고루 축적된 것은 남자들의 눈에 잘 뜨이지 않는다. 반면에 부풀어진 젖가슴은 섹시함으로 포장되어 쉽게 눈에 띄어 진화의 선택압으로 작용하였을 것이다.

동물 중에 낙타는 주로 사막에 산다. 사막에는 먹을거리가 부족하여 비교적 몸집이 큰 동물 중에 하나인 낙타는 등에 육봉이 한 개 또는 두 개 존재한다. 이 육봉 속에는 주로 지방이 저장되어 있다. 이 육봉은 체내 에너지원이 되며 태양열을 차단하는 역할을 한다. 만일 낙타가 풀이 많은 초원에 살았더라면 절대 육봉이 생기지 않았을 것이다.

지방이 들어 있는 육봉이 등에 두 개 있는 낙타이다. 척박한 환경에서 에너지를 저장한다는 점에서 사람(여자)의 젖가슴과 유사한 점이 있다.

일반적으로 성선택(sexual selection)은 수컷에서 나타난다. 대표적인 것으로 수컷 공작새를 들 수 있다. 수컷 공작새는 암컷의 선택을 받기 위해 날기에도 불편한 정도의 크고 화려한 깃털을 가지는 쪽으로 진화를 했다. 호모 사피엔스는 여자의 젖가슴이 커졌는데 성선택이 작용했다고 볼 수 있다. 특이한 것은 성선택이 남자의 몸에 나타난 것이 아니고 여자의 몸에 나타났다는 점이다.

호모 사피엔스의 성이 뒤바뀐 특이한 성선택이 나타난 이유는 무엇일까? 성선택은 기본적으로 '암컷이 수컷을 선택하는 기준이 진화의 방향을 결정한다'는 것이다. 과연 사람의 경우 반대로 남자가 여자의 수유기가 아닌데도 부풀어진 젖가슴을 선호하여 진화의 방향이 결정되었다고 볼 수 있을까?

초기 인류는 아프리카에서 숲이 아닌 초원에서 살게 되어 많은 어려움을 겪었을 것이다. 굶지 않고 살아갈 수 있을 정도의 먹을거리를 마련한다는 것이 쉬운 일이 아니었을 것이다. 그 당시 여자는 아이를 임신하고 출산하고 양육하기 위해서는 중간에 먹지 못해도 축적해 놓은 에너지가 있어야 아이를 낳고 기르는 데 유리했을 것이다. 이러한 절박한 상황 때문에 호모 사피엔스는 성이 뒤바뀌는 특이한 성선택이 나타날 수밖에 없었을 것이다. 또한 성선택과 관계없이 지방을 축척하지 못한 깡마른 여자는 아이를 가져도 그 당시의 악조건 하에서는 아이를 제대로 키울 수 없어 도태되었을 것이다. 이와 같이 자연선택적인 진화압이 작용하고 성선택까지 같이 작용하여 생물학적으로는 이상한 젖가슴 진화 양상이 나타났다고 본다.

우리 조상들은 농업혁명을 이룩하여 많은 먹을거리를 확보할 수 있게 되었다. 눈부신 기술의 발전을 통해 음식물의 부족에서 완전히 벗어날 수 있었고 폭발적으로 인구가 증가하게 되었다. 또한 소 등의 동물로부터 젖을 확보할 수 있게 되었다. 세상이 많이 변해서 여자 젖가슴이 모성에서 성적인 것으로 변질되어 가고 있다.

우리 조상들이 다른 동물에 비해 오랜 기간 양육을 해야 했지만, 상대적으로 이를 뒷받침할 정도의 풍족한 먹을거리를 확보하기 어려운 절박한 시절이 오래 지속되었을 것이다. 호모 사피엔스의 젖가슴 진화는 생물학적으로는 특이하고 유별난 진화 양상이지만, 우리 조상들이 악조건하에서 살아남기 위해 최선의 적응을 하여 몸에 새겨진 '고난의 역사'를 보여준다.

몽땅한 젖꼭지와 착색된 젖꽃판(유륜)

사람의 젖가슴은 왜 가슴에 있을까? 개나 돼지들이 가슴에서 배까지 젖꼭지가 많이 있는 것을 보면 사람도 배에 젖가슴이 있을 수 있는데 그런 사람은 찾아볼 수 없다. 상당수의 동물들은 개나 돼지처럼 한 번에 여러 마리의 새끼를 낳는다. 그렇기 때문에 이들은 가슴부터 배까지 여러 쌍의 젖가슴 또는 젖꼭지를 가지고 있다.

이러한 동물들은 수유기가 되면 젖가슴이 부풀어 오르고 젖꼭지도 시중에서 파는 우유병에 있는 젖꼭지처럼 길쭉하게 된다. 수유할 때에는 어미는 그저 드러누워 있고 새끼들이 다투어 가며 어미의 젖꼭지를 빨려고 애를 쓴다. 사람은 원숭이와 마찬가지로 주로 한 아이만 임신하여 출산을 한다. 그렇기 때문에 많은 젖꼭지가 필요 없게 되어 여분의 젖꼭지가 퇴화된 것이다.

데즈먼드 모리스는 젖가슴이 가슴에 있는 이유는 상대방(성파트너인 남자)에게 눈에 잘 뜨이라고 그 위치에 있다고 하였으나 설득력이 있는 것 같지는 않다. 태어난 아기는 다른 동물처럼 제 스스로 젖을 먹을 능력이 없다. 엄마가 아기를 앉고 젖꼭지에 입을 갖다 대어야 젖을 먹을 수 있는 것이다. 만일 유방이 배에 있다면 젖을 먹이기에 매우 불편한 상황이 초래될 것이다.

대부분의 포유류들은 임신 전에는 젖꼭지가 몽땅하지만 임신을 하고 수유기가 되면 젖꼭지가 새끼들이 젖을 먹기 편하게 길어진다. 그러나 사람은 사춘기가 되면서 젖이 부풀고 젖꼭지가 커지기는 하지만 몽땅하다. 여자가 임신을 하고 수유기가 되어도 젖샘이 발달하게 되어 젖이 커지기는 하지만 젖꼭지는 큰 변화가 없다. 일부 성인 여자의 경우 젖꼭지가 함몰되어 있는데 수유기가 되어도 젖꼭지가 튀어나오지 않아 아기에게 젖을 먹이기 곤란한 경우가 발생하기도 한다.

이러한 짜리몽땅한 젖꼭지 모양이 사람의 젖가슴이 젖을 먹이는데 적합한 구조로 되어 있지 않는 것 같아 데스먼즈 모리스가 주장하는 젖가슴의 성적 역할론이 다시 거론될 수 있다. 그러나 자세히 살펴보면 그렇지 않음을 알 수 있다.

만일 여자의 젖이 지방성분이 적어 크지 않은 상황에서 젖꼭지까지 몽땅했으면 아기가 젖을 먹는 데 약간의 어려움을 겪었을 것이다. 그러나 여자의 젖이 둥그렇게 튀어나와 있고 젖의 피부 아래에 지방성분이 많다. 젖꼭지 주변은 부드럽고 탄력이 있어 아이가 젖을 먹는데 특별한 문제가 발생하지는 않는 구조를 하고 있다. 아기가 젖을 먹으려고 입술로 빨아들이는 순간은 젖꼭지 주변의 피부와 주변 조직이 입 속으로 딸려 들어와 젖꼭지가 길어지는 효과가 나타나는 것이다. 사람은 턱이 뒤로 후퇴하여 다른 동물에 비해 입안의 앞뒤 길이가 짧다. 오히려 젖꼭지 다른 동물처럼 길면 젖꼭지가 입의 뒤쪽에 도달하여 젖 먹기가 불편할 수 있다.

또한, 사람은 다른 동물에 비해 입술의 근육과 감각신경이 발달하여 갓난아기는 본능적으로 입술을 잘 움직일 수 있어 젖을 먹는 데 지장이 없다. 가끔 미숙한 산모가 아기에게 젖꼭지 끝만 물게 하여 젖을 잘 먹지 못하는 경우는 있지만 젖이 잘 나온다면 젖을 먹이는 데 거의 문제가 되지는 않는다.

문제는 젖이 잘 나오지 않아 아기가 배를 곯는 경우는 있지만 우유(소젖) 등의 다른 동물 젖으로 대치할 수 있어 아기가 성장하는 데에 지장이 없게 된 것이다. 젖이 잘 나오지 않는 가장 흔한 이유는 뇌하수체에서 프로락틴이라는 호르몬 분비가 잘 되지 않아 젖을 많이 만들어 내지 못하기 때문이다. 동물에서 젖으로 대치가 불가능했던 시절에는 아이를 낳고 젖을 잘 만들어 내지 못했다면 이러한 여자는 물론 낳은 자식까지 살아남기 어려웠을 것이다. 그러나 언제부터인지 잘 알 수는 없지만, 소, 양 등을 길러서 사람들이 동물의 젖을 먹기가 용이하게 되었고, 진화의 역사에서 보면 우유를 먹게 된 것은 최근에 벌어진 일이다.

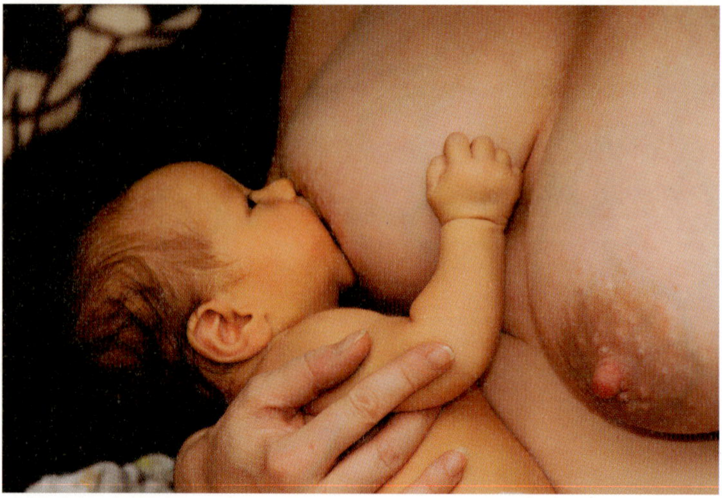

(위쪽) 새끼를 낳은 어미 원숭이는 약간 부풀은 젖가슴과 기다란 젖꼭지를 가지고 있다.
(아래쪽) 아이를 낳은 여자는 큰 젖가슴을 가지고 있지만 젖꼭지는 몽땅하다.

백인종과 황인종뿐만 아니라 흑인도 젖꼭지 주위에 젖꽃판(유륜, areola)이 있다. 이 젖꽃판은 다른 부위보다 멜라닌 색소가 많이 있어 다른 젖 부위와 쉽게 구분된다. 일반적으로 사람의 젖꽃판이 착색이 되어 있는 이유는 아기가 쉽게 젖꼭지를 찾을 수 있는 데 도움이 주기 위함이라고 여겨지고 있다. 이 젖꽃판에는 약간 튀어나온 부위에는 기름샘(sebaceous gland)이 열려 있어 기름이 생성되어 아기가 젖을 먹는 데 도움을 주고 젖꼭지도 보호한다. 아기가 젖을 빨대 흡입력으로 젖꽃판의 일부분이 입속으로 들어가 짧은 젖꼭지가 길어지게 되는데 이때 윤활작용을 하는 것이다. 또한 젖꽃판에는 아포크린땀샘도 존재한다. 이 아포크린땀샘은 사람의 겨드랑이털과 성기부위털이 있는 곳에도 존재하며 페로몬을 분비한다.

젖꽃판이 모성과 관련되어 있지만 페로문의 분비가 성적인 것(성 파트너가 선호함)과도 관련되어있는가 하는 것이다. 일반적으로 다른 동물들은 착색된 젖꽃판을 가지고 있지 않다. 페로몬은 성적 충동을 야기하는 물질로 알려져 있다. 이는 젖꽃판이 젖을 먹는 아기를 위한 것이 아니라, 남자들의 눈에 잘 뜨이고 성적 신호를 보내기 위함일 가능성도 생각할 수 있다. 그러나 그것은 페로몬이 무엇인지 잘 모르고 하는 이야기이다. 페로몬은 생각보다 광범위한 개념으로 같은 종(species) 구성원간의 사회적인 반응을 유발하는 물질도 일종의 중요한 페로몬이다. 우리가 흔히 알고 있는 페로몬은 페로몬 중의 하나인 성 페로몬(sex pheromone)인 것이다.

다른 동물들은 젖꼭지가 길게 튀어나와 새끼들의 눈에 잘 뜨일 것이다. 그러나 사람은 젖꼭지가 짜리몽땅하여 만일 착색된 젖꽃판이 없다면 아기가 젖꼭지를 금방 잘 찾을 수 없을 수도 있다. 착색된 젖꽃판은 아기가 쉽기 젖꼭지를 물 수 있게 해주는 좌표역할을 하고, 페로몬은 아기가 젖을 물고 빨도록 유도하는 화학물질을 분비하여 아기가 잘 살아남는 데 도움을 주는 것이다. 이러한 분비물에서 나는 것을 '엄마냄새'라고 부른다. 엄마 품에 코를 박고 젖을 빨 때 아기는 편안함을 느낀다. 여기서 다시 한 번 모유 수유의 중요성을 알 수 있다.

사람도 발생 초기에는 다른 동물과 마찬가지로 여러 개의 젖가슴을 형성할 수 있는 젖능선(mammary crest)이 일시적으로 나타났다 사라진다. 발생이 진행되면서 정상적으로 젖이 위치할 가슴부위에만 남고 다른 젖능선은 사라진다. 갓 태어난 아기는 다른 동물과는 달리 젖을 혼자 먹을 수 있을 정도로 성숙되어 태어나지 못한다. 신생아는 설 수 없을 뿐만 아니라 머리도 제대로 가눌 수 없다. 젖이 가슴부위에 있어야 산모의 팔로 신생아를 잘 잡아 젖을 먹일 수 있는 것이다.

몽땅한 젖꼭지, 그 주변에 착색된 젖꽃판도 다른 동물에 비해 유별나다고 볼 수 있다. 그러나 해부학적으로 자세히 살펴보면 커진 젖가슴에 몽땅한 젖꼭지는 젖을 먹는 데 전혀 지장이 없다. 털이 없는 피부에 착색된 젖꽃판은 아이가 젖꼭지를 잘 찾게 하는 데 도움을 주는 것이다. 사람의 젖가슴은 생물학적으로 이상하고 유별난 것 같지만 척박한 환경에 잘 적응한 최선의 결과라 할 수 있다.

왜 동양인보다 서양인의 젖가슴이 더 큰가?

평균적으로 동양 여자보다 서양 여자의 젖가슴이 더 크다. 그렇다면 서양 여자가 동양 여자보다 더 섹시할까?

우리는 여자의 젖가슴이 크면 섹시하다고 생각하고 있지만, 진화학적 입장에서 보면 섹시함 보다는 번식(reproduction)의 성공과 밀접하게 관련 있는 에너지 저장고 역할을 하고 있다는 것이다. 결국 서양 여자들이 젖가슴이 큰 이유는 서양인의 진화 역사가 동양인보다 먹을거리가 구하기 힘든 척박한 환경이었음을 보여준다.

해부학적으로 서양인은 동양인보다 체구가 크고 힘이 세다. 서양인이 몸에 털이 더 많이 나 있으며, 코는 더 뾰족하고 여자의 젖가슴은 동양인에 비해 더 크다. 이러한 해부학적 차이는 서양인이 추운 지방에서 먹을거리를 구하는데 어려움이 있었음을 보여준다. 음식을 먹을 때 사용하는 도구를 비교하여 보아도, 동양인은 숟가락과 젓가락을 주로 사용하는 반면에, 서양인은 포크와 나이프를 사용한다. 즉 동양인은 채식 위주의 식사를 하고 살아왔으며, 서양인은 육식을 많이 했음을 보여준다. 지금처럼 가축을 기르기 이전의 시절에는 육식의 먹을거리를 준비하기가 쉽지 않았을 것이다.

사람(여자)들은 젖가슴을 크게 보이기 위해 무척 애를 쓰고 살고 있다. 최근 들어서는 의술의 발달로 젖가슴을 크게 하는 수술이 성행하고 있다. 유방성형을 할 경우 부작용으로 모유수유에 문제가 생길 가능성이 있음에도 아랑곳하지 않고 수술을 감행하는 것을 보면 유방의 원래 목적에서 벗어나 성의 대상이 되었음을 보여주고 있다.

흥미로운 사실은 사람의 경우 갓 태어난 아이는 다른 갓 태어난 동물보다 피부에 지방이 많이 축적되어 있다는 점이다. 갓난아기는 성별에 관계없이 피부에 지방에 많이 있는 것을 볼 때, 아이가 먹을거리가 부족하여도 견딜 수 있도록 몸의 에너지원인 지방을 많이 가지고 태어난 것이라 할 수 있다. 또한 피부에 털이 없기 때문에 보온효과를 위해 지방층이 두꺼워졌다는 이론도 있다. 성인의 경우에는 여자가 남자보다 피부의 지방층이 훨씬 많기 때문에 갓난아기와는 다르게 봐야 한다. 여자의 부푼 젖가슴과 포동포동한 신생아에서 알 수 있는 사실은 오랜 기간 동안 우리 조상들이 먹을 것이 풍족하지 않았고 불규칙하게 확보했음을 보여준다. 또한 사람은 다른 동물에 비해 홀로 먹이를 구할 수 있을 정도로 키우는 데 많은 기간이 필요하다. 따라서 몸에 지방이라는 에너지원을 많이 저장할 필요가 있어 피부밑 특히 유방과 엉덩이에 많은 지방을 축척하게 된 것이다.

여기서 한 가지 짚고 넘어가야 할 것이 있다. 여자의 젖가슴이 크면 섹시하고 결국 젖도 잘 먹일 것이라고 예상하지만 그렇지 않은 경우가 많다. 젖가슴의 크기는 젖(유즙)을 생산하는 젖샘의 크기에 의해 결정되는 것이 아니라 젖가슴 속의 '지방' 양에 의해 결정이 된다. 지방이 적어 젖가슴이 작더라도 젖샘이 잘 발달되어 있으면 수유기에 프로락틴 등의 젖샘자극호르몬이 분비되어 젖을 많이 만들어 낼 수 있다. 음식이 부족하여 젖가슴에 축적되어 있는 에너지를 쓸 옛 시절이면 에너지원인 지방이 많은 큰 젖가슴이 도움이 될 것이지만 지금같이 잘 먹고 잘사는 시절에는 사실 큰 젖가슴은 별 의미가 없다.

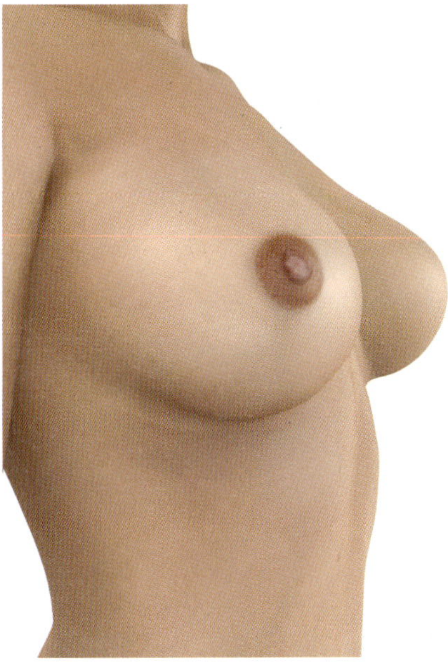

젖가슴이 큰 여자는 진화학적으로 볼 때 아이를 잘 기르는 데 도움이 되는 에너지를 가지고 있는 것이라 할 수 있다. 서양사람이 동양사람보다 젖가슴이 큰 이유는 서양사람의 조상이 동양사람의 조상보다 먹을거리를 쉽게 구할 수 없는 척박한 환경에 살았음을 보여준다.

호모 사피엔스가 멸종하지 않고 장기간 살아남게 된다면 젖가슴은 어떻게 변할까? 진화에서 기본 원칙 중에 하나는 사람의 꼬리처럼 필요 없는 것은 없어지는 쪽으로 진화를 한다는 것이다. 앞으로 먹을거리에 대한 유전자 조작 등으로 먹을거리의 풍부함이 계속 유지된다면 여자들이 젖가슴이나 엉덩이 등에 지방을 축척해 놓을 필요가 없게 될 것이다. 그렇다면 다른 동물처럼 사춘기에 젖가슴이 부풀지 않고 비로소 수유기가 되었을 때 젖가슴이 부푸는 쪽으로 돌아가기는 어려워도, 먼 훗날에는 남자들이 젖가슴과 엉덩이가 큰 풍만한 여자보다 균형 잡힌 몸매의 건강미 있는 여자를 선호하게 될 것이다.

사람에게서 배란기 신호는 왜 없어졌나?

대부분의 동물들의 암컷은 성체가 되어 임신이 가능해지면, 배란을 하게 된다. 배란이라는 것은 난소에서 난자가 나팔관을 따라 나와 자궁으로 이동하는 것을 말한다. 이 시기에 정자를 만나면 임신(수태)을 하게 되는 것이다. 이때 대부분의 동물들은 질에서 아주 강한 향을 내는 물질인 성 페로몬을 분비하여 멀리 있는 수컷까지 배란된다는 사실을 알아차릴 수 있도록 퍼져나간다. 어떤 동물은 성기를 비롯한 주변 구조들이 부풀어 오르고 빨갛게 되는 등 몸의 변화가 나타난다.

암컷이 분비한 페로몬은 수컷의 코로 들어가 보습코기관(vomeronasal organ)에서 감지된다. 페로몬에 의해 보습코기관이 활성화되면 이 신호가 후각망울(olfactory bulb)로 이어진다. 이 신호는 다시 편도체(amygdala)를 거쳐 시상하부(hypothalamus)로 가서 성적 행동을 하게 한다. 암컷이 배란을 하여 성기가 부풀어 오르고 빨갛게 되면 수컷은 이를 눈으로 보고 확인하고 이 신호도 후각신호와 마찬가지로 시상하부로 가서 성적 행동을 하게 한다.

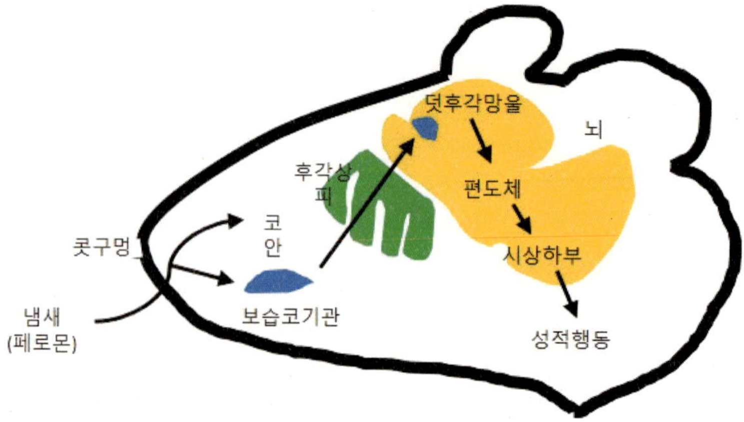

수컷 쥐 후각계통의 모식도임. 암컷 쥐의 배란 시 분비된 냄새 중 페로몬(pheromones)이 코의 보습코기관(vomeronasal organ)에 닿으면 이 후각신호가 덧후각망울(accessory olfactory bulb)로 전달된다. 덧후각망울에 전달된 신호는 편도체(amygdala)를 거쳐 시상하부(hypothalamus)에 전달되어 수컷 쥐의 성적 행동을 유발한다.

그러나 사람의 경우에는 이러한 배란 신호를 보내지 않는다. 어떻게 보면 생물학적으로 필수적인 것이 빠져 있는 것이다. 이는 사람의 진화 과정에서 생각보다 매우 중요한 의미를 가질 수 있다. 먼저 재레드 다이아몬드가 1993년에 출간한 〈제3의 침팬지〉에서 배란기 신호가 없어진 것(은밀한 배란)과 은밀한 섹스를 한데 묶어 이전에 제시된 이론들을 살펴보자.

1. 인류 사회의 협력 행동을 촉진하기 위해서 배란과 섹스가 은폐된 것이다.
2. 배란과 섹스가 감추어져 확실한 자기 자식을 낳기 위해서는 특정한 남성과 특정한 여성 사이의 유대 즉 일부일처제의 사회구조가 이루어졌다.
3. 수렵채집의 사회에서 남성으로부터 음식을 얻으려면 여성이 항상 성적으로 수용 가능한 것이 유리했다.
4. 여성이 남성이 남의 새끼(아버지가 다른)를 죽이는 것에 대한 대항 수단의 하나로 배란을 숨겨 누가 아버지인지 모르게 함으로써 남자를 조종하게 되었다.

이렇게 배란기 신호가 없어진 이론이 다양하다는 것은 배란기 신호가 왜 없어졌는지 잘 알 수 없다는 것을 뜻한다. 이 문제는 화석으로도 알 수 없는 문제이고 우리 조상들의 유전자 분석만으로는 진실에 다가가기 어렵다. 지금까지 알려진 고고학적 사실과 다른 동물의 비교 연구를 바탕으로 추정할 수밖에 없다. 진화해부학적 측면에서 배란 신호가 없어진 문제를 접근해 보자.

흥미로운 사실은 오래 전에 우리의 조상들의 보습코기관이 퇴화하여 흔적만 남아 있다는 사실이다. 이는 후각기관의 퇴화와 관련되어 있다고 본다. 영장류로 진화하면서 대뇌가 커지고 턱은 뒤로 후퇴하게 되어 점점 후각망울은 퇴화하게 되었고, 보습코기관도 후각의 일종이므로 퇴화를 하게 되었다. 남자의 코에 성 페로몬을 인지하는 보습코기관이 퇴화되었으니 여자의 배란 신호도 쓸모가 없게 된 것이다. 어쩌면 지금도 여자가 성 페로몬을 분비하는데 남자의 보습코기관이 퇴화되어 배란 신호가 없어진 것처럼 느낄 수 있는 가능성도 완전히 배재할 수 없다.

그 반대의 경우도 생각해 보아야 한다. 먼저 여자의 배란 신호가 없어지고 이에 따라 쓸모가 없어진 보습코기관이 퇴화되었을 수도 있다. 호모 사피엔스와 계통발생학적으로 가까운 영장류들은 사람처럼 후각기관이 많이 퇴화되었고 보습코기관도 퇴화되었다. 영장류는 후각에 의한 배란 신호 대신에 엉덩이나 성기 주변의 모양과 색깔 변화라는 시각 신호로 배란 신호를 대치하였다. 여기에서 알 수 있는 것은 영장류에서 배란 신호가 필요 없어서 없어진 것이 아니라는 것이다. 배란 신호가 필요하여 후각 시스템으로는 어렵게 되자 시각 시스템이라는 새로운 시스템을 사용하게 된 것이다. 따라서 사람에게서 먼저 배란 신호가 없어지고 이후 보습코기관이 없어졌을 가능성은 적다.

암컷 원숭이는 배란기가 되면 엉덩이가 부풀어 오르고 붉게 변한다.

영장류에서 보듯이 생물학적으로 암컷이 배란기 신호를 보내고 수컷이 이를 쉽게 알아차리는 것은 종족보존에 매우 필요한 것이다. 영장류도 호모 사피엔스와 유사하게 대뇌가 발달함에 따라 상대적으로 퇴화되었을 것이다. 영장류는 배란기 신호를 후각신호 대신 엉덩이가 빨갛게 부풀어 오르거나 성기 주변이 붉게 변하는 등의 시각신호로 대신 발전하게 되었다. 그렇다면 사람은 왜 다른 영장류처럼 시각적인 배란기 신호를 만들지 않았을까?

실마리를 찾기 위해 가정을 하나 해보자. 만일 영장류와 유사하게 배란기가 되면 엉덩이의 색이 달라지고 부풀어 오른다거나 그 반대의 경우를 가정해 보고 이후의 일을 상상해 본다.

한 여자가 가임기가 되었고 엉덩이에 누구나 다 알 수 있는 배란기 신호가 나타났다. 무리를 지어 사는 한 서식처가 술렁이기 시작했다. 남자들은 낌새를 알아채고 배란신호가 나타난 여자에 슬금슬금 접근하였다. 먼저 도착한 한 수컷과 바로 그 다음 도착한 수컷은 싸움을 시작하였다. 처음에는 주먹과 발을 사용하여 싸우다가 흥분한 두 남자는 돌멩이를 던지고 심지어는 앞이 뾰쪽한 나무을 들고 상대방을 찌르기도 하였다. 결국 한 남자는 생명에 지장이 있을 정도로 큰 상처를 입고 항복을 한다. 싸움에서 이긴 남자는 암컷을 차지하려 하지만 또 다른 남자가 와서는 결투를 시작한다. 한 여자의 배란 신호가 나타날 때 마다 여러 명의 남자가 죽거나 다쳐 수렵 채집을 할 '폭력적인' 남자의 수는 줄고 드디어 이 무리는 사라지게 되었다.

또 다른 무리는 후각신호에 의한 배란 신호가 없어진 후로 엉덩이에 누구나 다 알 수 있는 배란기 신호가 나타나지 않았다. 남자들은 여자들의 배란 신호가 나타나지 않아 남자들끼리 싸우는 일은 없어 평화로웠지만, 남자들이 여러 여자와 짝짓기를 해도 자기 자식이라는 확신이 없어 짝짓기를 적극적으로 하지 않았다. 그뿐만 아니라 한 여자가 낳은 아기가 낳은 자식이 자기 자식이라는 보장도 없어 적극적으로 아기를 돌보지도 않아 사람의 수가 줄어들었다. 영리한 무리의 대장은 고민하기 시작했다. 무리의 대장은 한 남자와 한 여자가 짝을 이루어 계속 짝짓기를 하면 확실한 자기 자식을 낳을 수 있다는 생각을 하게 될 것이라 판단하고 성인이 된 남녀를 짝을 지어주었다. 그러면서 다른 짝과는 짝짓기를 하지 않도록 통제를 하였다. 짝(부부)들은 배란기도 아닌데 자주 짝짓기를 한다는 것이 어색하고 쑥스러워서 '은밀'하게 짝짓기를 하였다. 자기 파트너와 열심히 짝짓기를 한 부부는 낳은 자식이 거의 확실한 자기 자식이라고 여기고 열심히 기르게 되었다. 호모 사피엔스의 사회는 '가족'이라는 것이 탄생하게 되었으며 인류 번성의 계기가 되었다.

우리 인류 조상들이 숲에서 내려와 사바나 초원에 살게 되었을 때에는 다른 동물에 비해 해부학적으로 볼 때 힘이 없는 매우 약한 존재였다. 살아남기 위해서는 모여서 살 수밖에 없었다. 더욱이 사람은 머리가 커지는 쪽을 진화를 하여 다른 동물에 비해 긴 기간 아기를 양육해야만 하는 절박한 상황이었다. 서로 싸우지 않고 협동을 하고, 배란기와 상관없이 짝짓기 관계가 가능하여 남성으로부터 음식과 보호를 지속적으로 받고, 배란기 신호의 인식에 의한 자기 자식과 남의 자식의 구분에 의한 부작용을 없애는 방법이 바로 배란기 신호를 보내지 않는 것이다. 침팬지처럼 다시 시각적인 배란기 신호를 만드는 것은 우리 조상들에게 사회를 유지하는 데 위험천만한 상황을 초래했을 것이기 때문에 배란기 신호는 다시 나타나지 않게 되었다고 본다.

그러나 여기서 다시 생각해 볼 문제가 있다. 앞서 이야기한 바와 같이 사람은 성적인 페로몬을 인지하는 보습코기관이 퇴화되었다. 이는 여자가 배란 신호를 보내도 남자는 알아차릴 수 없다는 것을 뜻한다. 따라서 사람에게 있어 배란신호가 '은폐'되었다는 말은 적절하지 않다고 본다. 보습코기관이 퇴화되어 여자가 후각시스템을 통한 배란신호는 소용이 없게 되어 후각시스템을 통한 배란신호는 쓸모가 없는 꼬리처럼 없어진 것이라 할 수 있다. 현재도 여자가 배란을 하면 자궁목부에서 점액질(mucus) 분비되고, 체온이 올라가는 등의 미미한 변화가 온다. 또한 배란 시에 심한 통증(Mittelchmerz)이 여자의 약 20%에서 나타난다.

요약하자면 원초적인 배란기 신호(후각신호)는 영장류로 진화하기 전에 없어졌거나 보습코기관의 퇴화로 쓸모가 없어졌다. 반면에 호모 사피엔스는 무리의 사회적 안정화와 남자의 여자에 대한 계속적인 투자와 돌봄을 위해 다른 영장류와는 달리 새로운 배란기 신호(시각신호 등)가 나타나지 않았다고 본다.

엉덩이와 궁둥이

국어사전을 찾아보면 엉덩이는 볼기의 윗부분을 궁둥이는 볼기의 아랫부분이라고 되어 있다. 볼기는 뒤쪽 허리 아래, 허벅다리 위의 양쪽으로 살이 불룩한 부분이다. 엉덩이는 영어로는 히프(hip)이라 볼 수 있다. 사람이 자리에 앉을 때 바닥에 닿지 않는 부분이 엉덩이고 바닥에 닿는 부분이 궁둥이라고 보면 된다.

우리는 여자들의 뒤태가 예쁠 때 엉덩이가 예쁘다고 하는데 해부학적으로 엉덩이가 볼기에서 차지하는 비율이 궁둥이보다 낮다. 따라서 더 엄밀하게 따지면 궁둥이가 예쁘다고 하는 것이 더 어울린다. 특히 아래쪽 볼기가 늘어지지 않은 소위 힙업(hip up)의 경우는 더 그렇다. 어학적으로 가장 무난한 것은 볼기가 예쁘다고 하는 것이지만, 현실적으로 엉덩이와 궁둥이를 같은 의미로 쓰고 있어 어떤 것을 선택하여 쓰든지 문제가 될 것은 없다.

사람의 음경에는 왜 음경뼈가 없나?

사람에게는 존재하지 않아 대부분 사람들이 잘 모르는 뼈가 하나 있다. 바로 '바큘럼(baculum)'이라고 불리는 음경뼈(penis bone)이다. 딱딱한 음경뼈는 음경 속에 들어있어 짝짓기 시에 유리한 점이 있다. 음경뼈가 없는 동물은 짝짓기 시에 음경에 혈액이 들어차는 발기가 우선 되어져야 하지만 음경뼈가 있는 동물은 발기라는 과정 없이 근육을 이용하여 음경뼈를 앞쪽으로 나가게 하며 짝짓기가 가능해지는 것이다. 이러한 음경뼈의 유리한 점 때문에 많은 동물은 음경뼈를 가지고 있다. 우리와 가장 계통발생학적으로 가까운 침팬지도 크지는 않지만 음경뼈를 가지고 있다.

진화과정에서 제일 중요한 생물학적 행위는 번식의 성공(reproductive success)이다. 그렇다면 음경뼈가 있으면 없는 것보다 짝짓기를 쉽게 할 수 있는데도 불구하고 사람은 왜 음경뼈가 없을까? 영국의 유명한 진화학자인 리차드 도킨스는 배우자감으로 음경뼈가 없음에도 혈액을 음경에 많이 보내 음경을 크고 딱딱하게 할 수 있는 것은 건강함의 신호로 여자들이 인식했기 때문이라는 것이다. 과연 그럴까?

음경뼈를 가지고 있는 동물은 대부분 네 발로 걷는 동물이다. 음경뼈는 엉덩이 쪽에서 배의 피부와 거의 평행인 방향으로 위치해 있고 짝짓기 시에 앞쪽으로 나오게 하여 행동하는 데 전혀 지장이 없다. 반면에 사람은 두 다리로만 걷는 직립의 자세로 활동하게 되면서 음경뼈가 마땅히 위치할 몸의 장소가 없게 되었다고 본다. 만일 사람이 다른 네발 달린 동물처럼 배 피부 가까이에 음경과 음경뼈가 위치해 있었다면 서로 마주보고 하는 짝짓기가 매우 어려웠을 것이다. 그렇다고 짝짓기 체위에 맞게 음경이 골반이나 뱃속을 들어갔다 나왔다 하도록 음경뼈가 위치하는 쪽으로 진화하는 것은 불가능하였을 것이다.

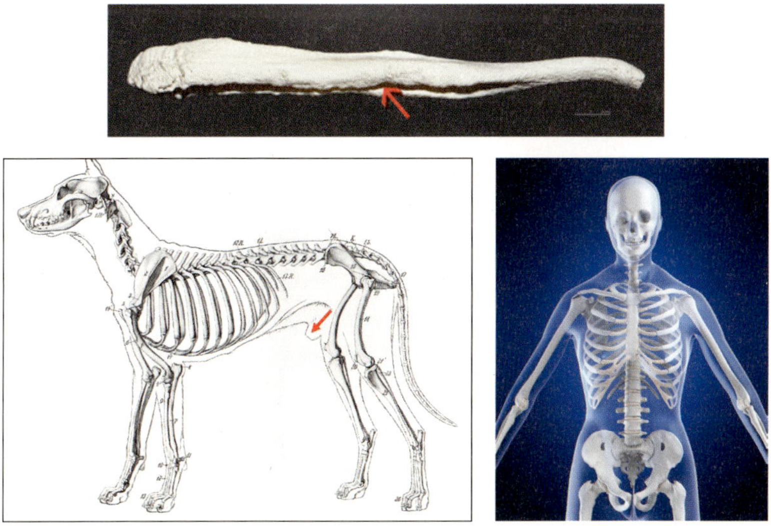

(위쪽) 개의 음경뼈로 요도가 지나가는 홈(화살표)이 파져 있다. (아래 왼쪽) 개의 골격을 보여주는 것으로 화살표가 음경뼈가 있는 부위이다. (아래 오른쪽) 직립한 사람의 골격으로 제 기능을 할 수 있는 음경뼈가 위치할 마땅한 곳이 없다.

사람 체중의 1/2 밖에 되지 않는 침팬지의 고환 크기는 60cc에 가깝고 사람은 20cc정도 밖에 되지 않는다는 점은 흥미로운 사실이다. 또한 고릴라는 사람보다 체중에 네 배 가까이 더 나가는 데도 고환은 15cc 정도 밖에 되지 않는다. 이러한 양상은 짝짓기의 패턴에 기인한다. 침팬지는 난혼(다부다처제)의 짝짓기 형태이기 때문에 고환의 크기를 크게 하여 짝짓기 시에 한 번에 많은 정자를 암컷의 생식기에 넣어 수태의 확률을 높이는 선택압이 작용한 것이다. 반면에 고릴라는 일부다처제의 사회구조를 형성하고 있어 고환이 커질 요인이 없었다. 사람은 일부일처제의 사회구조를 형성하여 침팬지와 고릴라 사이의 고환 크기를 유지하게 되었다.

원숭이의 음낭(화살표)은 원숭이의 얼굴 크기에 버금갈 정도로 매우 크다. 이는 음낭에 들어 있는 고환이 크다는 사실을 보여준다.

여기에서 한 가지 특이한 점은 침팬지와 고릴라에 비해 음경의 크기는 사람이 제일 크다는 것이다. 이는 음경의 크기는 짝짓기의 패턴에 따라 달라지지 않는다는 것을 보여주며, 다른 요인에 의해 음경의 크기가 결정된 것이다. 앞서 살펴본 음경뼈가 침팬지와 고릴라에는 있지만 사람에게는 없다. 음경뼈가 없으면 음경의 크기가 크고 혈액이 많이 들어차야만 제 역할을 할 수 있다. 결국 사람은 혈액이 잘 들어찰 수 있는 음경해면체가 발달하게 되어 음경이 커지게 된 것이라고 볼 수 있다. 원숭이 중에 울리원숭이(Wooly monkey)는 사람처럼 음경뼈가 없어 이 원숭이의 음경은 사람처럼 큰 것을 보면 음경의 크기는 음경뼈의 유무와 관련되어 있음을 알 수 있다.

성경에 보면 아담의 갈비뼈로 이브를 만들었다고 되어 있다. 그러나 해부학적으로 볼 때, 남자나 여자 모두 갈비뼈는 12개로 성경의 이야기가 맞지 않는 것 같다. 그래서 한 고고학자는 성경에서 아담의 갈비뼈로 이브를 만들 것이 아니라, 아담의 음경뼈로 이브를 만들었다고 해야 옳다고 주장하기도 하였다.

미켈란젤로의 이브의 탄생

색을 밝히는 호모 사피엔스

색을 밝힌다는 의미는 짝짓기에 많은 관심을 가지고 있고 실제로 짝짓기를 자주 하려고 하고 이를 좋아한다는 뜻일 것이다. 동방예의지국에서 색을 밝힌다는 말은 도덕적이지 않다는 말과 연결될 수 있다. 우리나라에서도 많은 성범죄가 일어나 문제가 되고 있어 색을 밝힌다는 것은 사회적으로 부정적인 요소가 있음이 분명하다. 단지 진화해부학적 측면에서 왜 사람은 색을 밝히게 되었는지 알게 되면 이와 관련된 문제의 해결에도 도움이 될 수 있을 것 같아 파헤쳐 보고자 한다.

진화에서 중요한 것은 뭐니 뭐니 해도 번식의 성공이다. 번식에 성공하려면 짝짓기가 필요하다. 짝짓기는 본능이라고 하지만 하고 싶은 마음이 강하고 관심이 있어야 짝짓기를 많이 할 수 있고 후손을 많이 남길 수 있다.

앞서 살펴본 바와 같이 사람은 대부분의 동물에서 나타나는 배란기 신호가 은폐되었다. 암컷이 보내는 배란기 신호는 수컷이 냄새를 맡거나 붉은 엉덩이나 성기를 보면 자동적으로 교미를 할 마음이 발동하게 되어있다. 그러나 사람은 이러한 배란신호가 없으니 남자들이 자동적으로 짝짓기를 할 본능이 발동될 수 없는 것이다. 이를 해결하기 위해서는 배란 신호와는 무관한 짝짓기를 하고 싶어하는 욕구(성욕)가 발달될 수밖에 없다.

더욱이 다른 동물은 한 번에 여러 마리의 새끼를 낳을 수 있지만 사람은 보통 한 아이 밖에 낳지 못한다. 사람이 다른 동물처럼 네 발로 다닌다면 자궁이 배에까지 뻗어 여러 아이를 출산할 수 있지만 직립을 하는 바람에 자궁은 먹는 배 모양으로 골반 안에 있게 되어 여러 아이를 낳는 것이 거의 불가능해졌기 때문이다. 옛날에는 질병이나 사고 등으로 죽는 사람들이 많아 계속해서 짝짓기를 열심히 하여 자식을 낳지 않으면 호모 사피엔스의 번성은 불가능했을 것이다.

리비도(libido)는 성욕 또는 성충동을 뜻하는 것으로 넓은 의미로는 삶의 정신적 에너지까지 의미한다. 정신분석학적 측면에서는 리비도는 어릴 때 구순기, 항문기, 잠재기 등을 거치면서 발달한다는 어려운 개념이다. 의학적으로는 리비도가 남자 여자 모두 안드로겐 호르몬(테스토스테론)에 의해 유발된다는 사실이 밝혀졌다.

배란신호가 뚜렷한 동물의 경우에는 리비도가 어떠할까? 이러한 동물은 배란신호 시에 성욕이 확실하게 나타날 것이고 이때의 성욕이 나타나는 것이 번식의 성공에 중요하고 평상시는 성욕이 발동하여 교미를 하여도 번식의 성공과는 연결되지 않기 때문에 사람처럼 리비도가 항상 강한 상태일 필요가 없다.

이와 같이 배란기 신호가 없어지고 다산을 하지 못하는 문제를 해결하기 위한 길은 남녀 모두 성욕(libido)이 강화되어야 해결책이 된다. 특히 남자는 배란기 신호를 알 수 없어 번식의 성공을 위해서는 여자(자기 파트너뿐만 아니라 다른 여자까지도)와 자주 짝짓기를 하는 방법 밖에는 없는 것이다. 따라서 특히 남자들은 '색을 밝히는' 동물이 될 수밖에 없었으며 이는 인류의 역사가 증명해 준다.

도정일과 최재천이 쓴 〈대담〉에 이러한 내용이 있다.

이 이야기는 사람이 1분도 채 안 되는 시간마다 '섹스(짝짓기)'를 생각한다는 농담 비슷한 이야기지만 사람이 '색을 밝히는 존재'임을 잘 표현해 주고 있다. 이는 사람의 진화 역사에서 보듯이 성욕이 강한 사람이 살아남았음을 여실히 보여주는 말이다.

데즈먼드 모리스는 '짝을 지은 한 쌍의 남녀가 되풀이하여 성행위를 하는 것은 분명 불순하고 퇴폐적인 현대 문명의 부산물이 아니라, 우리 인간에게 깊이 뿌리박힌 경향, 즉 생물학적으로 볼 때 충분히 근거를 갖고 있으며 진화론적 관점에서 볼 때 지극히 건전한 성향이다'라 하였다.

다만 이러한 성적 욕구 특히 남자들의 리비도는 도가 지나쳐 각종 성범죄가 생기는 부작용을 낳는 등 사회 문제를 야기해 왔지만, 사회제도와 법을 만들어 이를 적절히 통제하여 인류를 번성하게 한 현명한 동물이 바로 호모 사피엔스이다.

3부

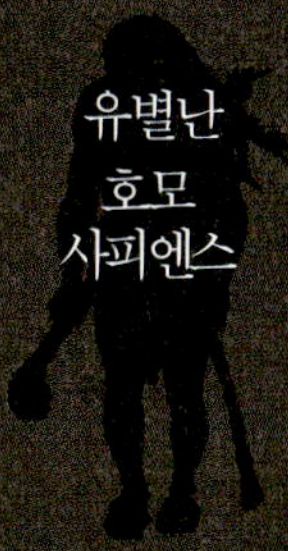

희한한 사람의 피부와 털

... 불완전하게 태어난 인간이 고양이처럼 1년 내내 단벌로 버티기야 어렵겠지만, 그렇게 잡다한 것을 피부 위에 걸치고 살 필요는 없지 않은가. 양에게 폐를 끼치는가 하면 누에에게는 신세를 지고 목화밭의 온정까지 구하는 것을 보면 이는 무능의 결과라고 해도 좋을 정도이다 ...

나쓰메 소세끼의 〈나는 고양이로소이다〉 중

털없는 원숭이

사람이 다른 동물에 비해 유별난 것이 많이 있는데 그 첫 번째로 눈에 확 뜨이는 점은 몸에서 털이 사라졌다는 것이다. 대부분의 포유류는 몸에 촘촘한 털로 덮여 있어, 추울 때 체온을 유지하는 중요한 역할을 하며, 외부로부터 가해지는 물리적인 위험으로부터 보호해 준다. 그러나 사람은 육상에 사는 포유류임에도 불구하고 몸에 털이 거의 없다. 사람의 몸에서 완전히 없어지지 않고 눈에 겨우 보일 정도의 솜털(vellus hair)이 있기는 하다. 그렇지만 이 솜털은 체온 유지에 전혀 쓸모가 없고 외부로부터의 손상을 보호할 수 없다. 왜 사람은 털없는 원숭이가 되었을까?

바다에 사는 고래도 포유류이다. 고래는 피부에 털이 없는데, 고래가 물속에서 살기에는 털이 없는 것이 더 좋을 것이다. 고래의 피부에 털이 없는 것은 쉽게 이해할 수 있다. 포유류이면서 육상에 사는 사람의 몸에 털이 거의 없다는 점이 다른 동물과 비교하여 가장 유별난 것이라고 볼 수 있다. 호모 사피엔스가 왜 이렇게 되었는지 알게 된다면 우리 사람의 실체를 이해하는 데 중요한 단서를 찾는 것이라 할 수 있다. 이에 대해 이해하기 위해서 피부의 구조와 기능을 알아본 다음, 진화학적으로 사람 몸에서 털이 없어진 것에 대해 지금까지 알려진 여러 가지 이론을 살펴보고 그중 가장 가능성이 있는 가설이 무엇인지 살펴보자.

추운 겨울에 쥐나 다른 동물들은 죽지 않고 잘 살지만 사람이 한겨울에 밖에서 잠을 자면 십중팔구 얼어 죽는다. 털이 많은 동물들은 털이 피부와 찬 공기의 접촉을 차단하여 체온을 유지할 수 있지만, 사람은 몸에 털이 없어 추운 겨울에 체온이 낮아져 결국 죽게 되는 것이다.

우리의 몸에서 털이 없어진 배경을 이해하기 위해서는 털이 없어진 동물들을 살펴볼 필요가 있다. 가장 대표적인 동물이 고래이다. 고래는 물고기처럼 생겼지만 포유류이다. 물가에서 살던 하마의 조상들이 어떻게 하다 바다까지 가서 살게 되어 고래가 되었다. 물속에서 살 경우에는 오히려 털이 방해가 될 것이다. 고래가 바다에서 살게 되면서 털이 없어진 이유는 쉽게 이해할 수 있다.

육상에 사는 동물 중에 털이 없는 포유류는 코끼리를 들 수 있다. 코끼리는 몸무게가 무려 2,000 킬로그램이나 달하는 거대한 동물이기 때문에 몸속에 있는 내장을 지탱하려면 이를 감싸는 피부가 강해야 한다. 코끼리의 피부는 2-3cm 정도로 매우 두껍고 표피가 단단하다. 이렇게 코끼리는 강력한 피부를 만드는 데 집중되다 보니 피부부속기인 땀샘 등이 피부에서 사라지게 되었고 털도 감소하게 되었다. 코끼리가 어릴 때에는 몸에 털이 제법 나 있지만 커가면서 몸의 털이 줄게 된다. 흥미로운 사실은 아시아에 사는 코끼리보다 아프리카 코끼리가 털이 적다는 사실이다. 또한, 지금은 빙하에서 썩지 않고 발견되는 코끼리의 조상이라고 할 수 있는 매머드는 추운 지역에 살았기 때문에 몸에 털이 비교적 많았다. 이는 털이 기본 역할이 체온을 유지하는 데 중요한 역할을 한다는 것을 알 수 있다.

아프리카 코끼리의 경우 몸에 털도 없지만 땀샘도 없다. 그렇다면 코끼리의 엄청난 몸집이 움직이는 행동을 통해 열을 어떻게 발산시킬 수 있겠는가? 바로 큼직한 '귀'인 것이다. 코끼리의 귀 뒤쪽에는 작은 정맥혈관이 분포해 있어 열을 식힐 수 있다. 코끼리가 귀를 수시로 나풀나풀 움직이는 행동은 열을 발산시키는 데 큰 도움을 준다. 코끼리의 몸뚱이에는 털이 거의 없지만 흥미롭게도 꼬리 끝에는 사람의 머리털과 유사한 긴 털이 나 있다. 코끼리의 꼬리털이 왜 남아있는지 잘 알 수는 없지만, 소와 마찬가지로 등에 파리나 모기 등의 벌레가 앉아 있으면 쫓아내는 데 효과적으로 사용할 수 있을 것이며, 코끼리 간의 의사소통에도 사용할 수도 있을 것 같다. 코끼리의 몸에서 털이 감소하고 땀샘은 없어졌지만 열을 발산시킬 수 있는 큰 귀를 가지고 있다는 사실은 사람의 몸에서 털이 왜 없어졌는지에 대한 답을 찾는 데 많은 단서를 제공하고 있다.

이번에는 우리와 가까운 친척들을 살펴보자. 꼬리가 있는 원숭이보다 더 가까운 꼬리가 없는 유인원으로는 침팬지, 보노보, 고릴라, 오랑우탄이 있다. 유전적으로는 유전자 염기서열이 98.6%나 같은 침팬지가 사람과 가장 가까우며, 외견상으로는 오랑우탄이 사람과 제일 가깝다. 짝짓기를 즐긴다는 행동적 측면에서는 보노보가 사람과 제일 가깝다고 할 수 있다. 이들 모든 유인원들은 사람과는 달리 몸에 털이 많이 나 있어 왜 갑자기 사람의 몸에서 털이 없어지게 되었는지 이해하기는 쉬운 문제가 아닌 것이다.

외형으로 보면 침팬지보다 사람과 더 가까운 오랑우탄은 얼굴과 손과 발을 제외한 몸의 부분에 긴 털이 많이 나 있다.

그렇다면 사람은 몸에서 왜 털이 없어졌나? 영국의 동물학자인 데즈먼드 모리스는 사람의 털이 없어진 이유에 대해 '털 없는 원숭이'에서 제시된 여러 가지 이론들 중 몇 가지를 살펴보자.

1. 솜털로 태어난 어린 시절의 상태가 성인이 된 상태에도 유지가 된다는 유태성숙(幼態成熟) 과정의 일면이다.
2. 사람들이 강이나 해변에 가서 헤엄을 치고 살게 되어 물고기처럼 털이 없어졌다.
3. 털이 없어짐으로써 성적 파트너에게 강한 성적 자극을 주고 짝짓기 시의 성적 감촉이 커진 것에 기인한다.
4. 그늘진 산림에서 초원으로 나오자 훨씬 높은 온도에 노출되어 냉각방책으로 진화되었다.

데즈먼드 모리스는 세 번째의 이론에 대해 관심을 많이 가졌고 나머지들은 털없는 원숭이가 되는데 크게 기여했다고는 보지 않았다. 네 번째 이론은 데즈먼드 모리스도 지적하였듯이 사람과 체구가 비슷한 어떠한 동물들도 이런 단계를 거치지 않는다는 점 때문에 인정하기 쉬운 이론은 아니었다. 예를 들어 벌거벗은 사자가 없다는 것이다. 오히려 사자는 짧고 조밀한 털가죽을 가지고 있어 태양광선으로부터 피부 손상을 막을 수 있다.

지금까지 밝혀진 바로는 우리 인간의 조상이 아프리카 초원에서 기원했다는 것이 정설로 굳어지고 있다. 아프리카는 매우 더운 지역으로 조금만 뛰어도 몸에 열이 많이 났을 것이라는 것이다. 그렇기 때문에 사자나 표범들이 순간 속력은 매우 빠르지만 오래 달리지 못한다. 사자나 표범은 날쌤과 강한 힘을 바탕으로 순식간에 먹이 사냥을 성공시킬 수 있어 몸에서 털이 없어질 이유가 없었을 것이라는 점이 생물학적 배경이라고 할 수 있다.

반면에 우리의 조상들은 지금의 원숭이나 유인원과 비슷한 체격으로 사자나 표범과 같은 날쌤과 강한 힘이 없었을 것이다. 그나마 다행히 우리의 조상들은 두뇌가 커지고 영리해져 창 같은 무기를 가지고 사냥을 할 수 있게 되었지만 사람보다 빠른 먹잇감을 잡으려면 끈질기게 계속 따라가야만 했다. 우리 조상들이 계속 뛰어다녀 몸에서 많은 열이 발생했을 것이다. 우리 조상들은 그 해결책으로 코끼리처럼 거대한 귀를 가질 입장도 되지 않고 하여 땀을 배출하여 열을 식히는 길을 택하였다는 것이 사람 몸에서 털이 없어진 이유의 가설 중 현재 가장 인정받고 있다.

땀 배출에 대한 이해를 하려면 먼저 땀샘의 종류와 그 역할을 알아야 한다. 땀샘에는 두 가지 종류가 있다. 더울 때 열을 내리는 작동하는 온분비땀샘(eccrine sweat gland)이 있고, 동물 고유의 냄새를 풍겨 몸을 식히는 역할과는 관계없는 부분분비땀샘(apocrine sweat gland)이 있다.

최근의 조사에 의하면 아프리카의 원숭이는 몸에 40% 정도가 부분분비땀샘이고 60%가 몸을 식히는 데 관여하는 온분비땀샘이다. 반면 현재의 사람은 겨드랑이와 성기부분에만 부분분비샘이 존재하고 몸의 대부분에 온분비땀샘이 분포한다는 사실이 밝혀졌다. 이러한 사실은 우리 조상들이 더운 아프리카 지역에서 땀을 많이 흘리고 살았음을 의미하며, 땀이 많이 나는 피부는 털이 땀의 증발을 막는 장애물이 되었을 것이다. 특히 우리의 조상들은 뇌가 커지고 뇌에 가는 혈류량이 몸 전체의 20%에 달해 적정 체온 유지는 매우 중요했을 것이다. 체온이 37도 정도로 유지되어야 온도에 예민한 중추신경계가 잘 작동된다. 생물학적 증거를 보는 바와 같이 우리 조상이 몸에서 귀중한 털이 없어지는 진화를 할 수 밖에 없었던 가장 큰 이유는 바로 '냉각 방책'이었던 것이 현재로서는 가장 설득력 있는 이론으로 받아들여지고 있다.

그렇지만 앞서 이야기 한 바와 같이 우리와 몸집과 큰 차이가 없는 사자 등의 포유류는 몸에 털을 가지고 있다. 더욱이 상대적으로 남자가 여자보다 몸에 털이 더 많다. 사냥을 하기 위해 뛰어다녔을 사람은 여자가 아니고 남자였을 것이다. 냉각 방책의 이론을 바탕으로 생각해 본다면 땀이 많이 나는 남자가 더 몸의 털이 없어져야 설득력이 있다. 따라서 사람의 몸에서 털이 없어진 이유가 전적으로 냉각방책을 위한 것이라는 이론만으로는 설득력이 부족하다. 앞서 살펴본 바와 같이 사람은 색을 밝히게 진화를 하였다. 배우자감으로 털북숭이의 여자와 털이 없는 매끈한 피부를 가진 여자가 있다면 누구를 배우자로 선택하겠는가? 데즈먼드 모리스가 제시한 바와 같이 털이 없어짐으로써 성적 파트너에게 강한 성적 자극을 주고 짝짓기 시의 성적 감촉의 커지는 것이 사람의 몸에서 털이 없어지게 된 진화압력으로 작용했을 것이며, 이후 사람들은 불을 발견하고 옷을 입게 되는 기술적 진보가 이를 가속화 하는 복합적인 진화의 역사가 관련되어 있을 것으로 본다.

원래 동물에 있어서 안드로겐이라는 호르몬은 주로 수컷에서 많이 발현되고 털을 나게 하는 작용을 한다. 남자는 여자에는 없는 고환에서 안드로겐을 많이 만들어 내어 수염이 나고 여자보다 몸에 털이 많다. 남자들의 털은 남성다움의 표시로서 남아 있는 것이다.

고고학이나 인류학을 연구하는 사람들은 지금까지 남아 있는 호모 사피엔스의 뼈로부터 많은 사실을 알아내고 있다. 그러나 피부는 완전히 사라져 피부의 털 변화를 직접적으로 관찰하기는 불가능하다. 사람의 몸에서 털이 없어진 확실한 이유를 잘 알 수 없으며 가설의 수준에 머무를 수밖에 없지만, 해부생리학적 측면에서 보면 애초에 호모 사피엔스가 털없는 원숭이가 된 것은 체온조절을 위해서였지만, 털 없는 사람 특히 여자는 성적으로 매력이 있는 것으로 여겨졌고, 옷을 입고 불을 발견하게 되어 사람의 몸에서 털이 없어지는 쪽으로 진화가 가속화되었을 것이라고 본다.

남자와 여자의 털

여자들은 남자들보다 몸의 털이 적은 편이다. 사람의 몸에서 털이 없어진 주된 이유가 냉각방책이라면, 초원을 누비고 다니는 남자들의 몸에는 여자들보다 털이 더 없어져야 할 것이다. 현실은 이와 반대되는 현상이 나타나고 있기 때문에 다른 이유를 찾아보아야 한다.

아프리카인들의 피부를 보면 남자 여자 모두 몸에 털이 없으며, 추운 지역으로 갈수록 사람 특히 남자의 몸에 털이 많은 경향을 보여준다. 이는 기본적으로 털은 체온을 유지하는 역할을 함을 보여준다. 그렇다면 여자들도 남자들 못지않게 몸에 털이 있어야 하는데 어찌된 일일까?

그것은 피부에 존재하는 '피하지방층(subcutaneous fat layer)'이 여자에서 잘 발달되어 있다는 것으로 설명이 될 수 있다. 피하지방층에는 에너지를 저장하는 지방세포들로 구성되어 있고 이 피하지방층이 어느 정도 두꺼워지면 절연 역할을 하여 체온손실을 없게 해 줄 수 있다. 아주 추운 북극지방에 사는 북극곰은 몸의 털과 피부 속의 두꺼운 피하지방층 덕분에 끄떡없이 잘 살고 있다.

여자들은 임신을 하여 10개월 가까이 자신의 뱃속에 있는 아기를 잘 키우기 위해서는 계속적으로 아기에게 영양분을 제공해 주어야 한다. 만일 여자의 피하지방층이 발달되어 있지 않으면 먹잇감을 구하지 못해 음식을 먹지 못할 경우 문제가 생길 수 있다. 한창 성장하고 있는 뱃속의 아이도 굶게 되는 사태가 발생할 수 있다. 이를 위해 여자는 남자보다 두꺼운 피하지방층을 갖게 되었고, 이 지방층은 부수적으로 북극곰에서 보듯이 절연체 역할을 하여 체온손실을 막아줄 수 있게 된 것이다. 이와 같이 여자의 몸에서 털이 더 없어지는 쪽으로 진화를 할 수 있었던 것은 피부에 존재하는 피하지방층 덕분이다.

아프리카인(흑인)에게 까지 적용하기는 어려울 것 같지만, 일반적으로 남자들은 하얀 피부를 가진 여자를 좋아할 뿐 만 아니라 털이 없는 매끈한 피부를 가진 여자를 좋아한다. 여자의 피부에 잘 발달된 피하지방층이라는 안전장치가 있어 여자들의 몸에서 털이 더 적어지는 방향으로 진화하였다. 남성 호르몬인 안드로겐은 남자의 고환에서 만들어지며 기본적으로 몸의 털을 나게 하는 역할을 한다. 모든 인종을 불문하고 남자가 여자보다 털이 많이 나 있는 생물학적 이유인 것이다.

여자도 안드로겐 호르몬을 주로 만들어 내는 고환은 없지만 안드로겐을 어느 정도 만들어 내는 부신(adrenal gland)은 가지고 있어 여자들도 눈에 잘 뜨일 정도로 몸에 털이 나는 경우가 있으며, 털 성장에 중요한 유전자(예를 들어 FGF5)에 변이가 생겨 털북숭이가 될 수 있다.

1493년 그려진 것으로 다모증(hirsutism)을 가진 여자의 그림임.

여자가 남자보다 몸에 털이 적은 이유는 성선택인 측면에서 찾아보아야 할 것 같다. 여자의 몸에 털이 많이 난다는 것은 남성성을 상징하며, 짝짓기 시에도 접촉의 촉감이 좋지 않아 남자들이 선호하지 않았을 것이다. 요즈음 여자들은 자신의 몸 특히 팔다리에 있는 털을 제거하기 위해 털을 깎거나 약품과 테이프를 이용하여 털을 뽑기도 하여 매끈한 팔다리를 만들려고 애를 쓰고 있다. 여자들은 털을 제거한 순간의 심한 아픔을 참아가며 털을 없애면서 산다. 현재도 여자의 몸에 털이 없어지는 쪽으로의 진화압은 계속되고 있다.

옷을 입고 사는 호모 사피엔스

우리가 옷을 입고 사는 것을 당연하다고 생각할 수 있지만, 생물학으로는 매우 유별난 것이다. 나츠메 소세끼의 소설 〈나는 고양이로소이다〉에 나오는 이야기처럼 사람이 오죽 못났으면 동물의 털이나 식물을 이용하여 옷을 입고 산다고 다른 동물들이 사람을 보고 비웃을 지도 모른다.

모든 동물들은 춥거나 덥거나 자신이 만든 피부로 자신을 보호하며 피부를 거북이처럼 딱딱하게 만들거나 고슴도치처럼 피부에 날카로운 가시를 달아 외부로부터의 위험을 피한다. 그러나 사람은 자신이 만든 피부가 아닌 인위적인 천조각 등으로 몸을 감싸고 있다.

이러한 유별남은 사람의 몸에서 털이 없어진 것에 기인한 것이라고 생각할 수 있다. 몸을 보호하기 위해 동물의 가죽 등으로 만든 옷은 다른 동물의 털과 같은 기능을 할 수 있어 몸을 보호하고 추운 지역에서도 살 수 있게 되었을 것이라는 것은 상식적인 수준에서 생각할 수 있는 옷을 입는 이유이다.

그렇다면 사람이 옷을 언제부터 입었을까? 지지난번 빙하기 직후인 17만 년 전이라는 연구결과가 나왔다. 미국 플로리다 주립대학 연구진은 사람에 기생하는 이의 DNA를 연구한 결과 사람의 머릿니에서 옷엣니가 분화한 시기가 17만 년 전임을 확인하였다. 연구진은 사람의 몸에서 털이 없어진 지 한참 후 옷을 입기 시작했으며, 사람 몸의 털이 사라진 시기는 약 100만 년 전으로 나타나고 있어 인류가 아주 오랫동안 옷을 입지 않고 지냈다고 하였다.

여기서 한 가지 의문점이 생긴다. 초기 인류가 살던 아프리카의 기후가 굳이 옷을 입을 정도로 춥지 않았을 것이며 오히려 더웠을 것이다. 현재 아프리카 원주민들을 살펴보면 일부 부족은 옷을 거의 입지 않고 살기도 하지만 대부분은 옷을 입고 산다. 그렇지만 이들의 옷을 잘 살펴보면 옷을 입는 목적이 음부를 가리거나 유방을 가리는데 주안점을 두고 있다.

현재 아프리카인들이 옷을 입는 것 특히 성과 관련된 부위를 가리는 것이 유럽인과의 문화적 접촉 이후에 나타난 것일 가능성이 있다는 점을 감안하면 사람이 옷을 입게 된 배경은 단순하게 풀릴 문제는 아니다. 그러나 앞서 살펴보았듯이 최근의 연구 결과가 옷을 입기 시작한 시점이 17만 년 전이라는 것을 인정한다면 유럽인과 문화적 접촉 훨씬 이전에 아프리카인들은 옷을 입기 시작했다고 볼 수 있다. 이러한 최근이 옷과 관련된 진화 연구 결과를 수용한다면 우리 조상들이 옷을 입게 된

동기가 번식의 성공 또는 성적인 것과 연관되어 있다고 볼 수 있다. 현재 아프리카인의 의상에서 초기 인류가 옷을 입게 된 동기를 두 가지 측면에서 생각해 보자.

하나는 진화에서 가장 중요한 것은 번식의 성공이므로 이와 관련된 성기와 젖가슴을 우선적으로 보호하는 차원에서 옷을 입기 시작했다고 볼 수 있다. 남자의 젖가슴은 번식의 성공과 아무런 연관이 없어 여자만 젖가슴을 가린다는 점에서 일리가 있어 보인다.

다른 하나는 '성충동'을 억제할 필요성이 생겨 성기와 젖가슴을 가리기 위해 옷이 탄생되었을 가능성도 충분히 있다. 사람은 색을 밝히는 동물로 진화할 수밖에 없었다. 따라서 남자 여자의 성기와 여자의 젖가슴 노출은 성적 충동을 유발하여 사회가 무질서해질 가능성이 있었던 것이다. 지금 우리 현실을 보자. 전 세계적으로 정도의 차이는 있지만 TV 광고를 내 보내자면 아무리 노출이 심해도 남자는 팬티는 입어야 하고 여자는 팬티와 브래지어는 착용을 해야 방송을 볼 수 있다는 사실 등을 감안해 보면 후자의 가능성이 높다고 본다.

일반적으로 옛 방식으로 사는 아프리카의 남자는 성기와 엉덩이를 나무 잎사귀나 피륙 등으로 가리고, 여자는 추가적으로 젖가슴까지 가린다.

이와 같이 옷을 입게 된 계기는 성적인 것과 연관되어 있다고 볼 수 있지만, 호모 사피엔스가 아프리카를 떠나 이주를 하게 됨에 따라 옷을 입는 목적에는 체온을 유지하고 몸을 보호하는 역할이 추가되었고, 현재에는 가장 중요한 옷의 역할이 되었다. 대부분의 동물의 세계에서는 계급이 존재한다. 이 계급은 몸집과 힘에 의해 결정되는 것이 대부분이고 고릴라 같은 경우에는 우두머리 고릴라는 털의 색깔이 변하기도 한다. 사람도 이 계급을 나타내는 옷이나 기타 몸의 치장물을 달아 계급사회를 유지한다. 또한 상대방에게 잘 보여 호감을 얻으려는 장식적인 목적까지 생기게 되었다.

옷을 입게 된 계기는 성충동을 억제하기 위해 평상시에 성기와 젖가슴이 노출되지 않도록 하기 위함에서 옷이 비롯되었다고 본다. 앞선 '색을 밝히는 호모 사피엔스'에서 살펴보았듯이 우리 인간은 과도한 성적 욕구를 억제하기 위해 억제 장치가 필요하였다. 법이라는 사회적 제도를 만들기도 하였지만, 생물학적인 측면에서 성충동 억제를 위해 옷이 생기기 되었다고 볼 수 있다. 이러한 옷은 원래 목적을 넘어서서 체온을 유지하고 몸을 보호하는 중요한 역할을 하게 됨으로써 아프리카를 벗어나는데 결정적인 역할을 하게 되었다고 본다.

사람은 왜 머리털을 자르고 사나?

남자들은 정기적으로 이발소에서 이발을 하고 여자들은 미용실에 가서 파마도 하지만 커트도 한다. 사람들은 이발소나 미용실에 가서 머리털을 자르는 것이 일상이 되어 당연한 것으로 여기겠지만, 사람처럼 머리털을 깎고 사는 동물은 사람이 유일무이하다는 것을 생각해 보면 사람이 유별난 동물임에는 틀림이 없다.

머리털과 관련된 일화는 많겠지만 우리나라에서 두 가지 정도 이야기 해 보자. 조선시대 후기(1895년)에 성년남자의 상투를 자르도록 단발령이 내려졌다. 그러나 백성들은 공자의 유명한 철학 중에 하나인 윤리의식 때문에 백성들 사이에서 난리가 났던 적이 있다. 1976년에는 우리나라에서 무분별한 장발 풍조가 만연해져 국가 기강이 문란해진다고 하여 장발 일제추방령이 내려졌다. 온 나라가 머리털 길이를 가지고 실랑이가 벌어졌고, 결국 1980년에 장발단속이 중지되었다. 다른 동물에서는 절대 벌어질 수 없는 사건들인 것이다.

대부분 동물들은 몸에 있는 털이 어느 정도 성장하면 자연적으로 털이 빠지고 다시 난다. 사람하고 가장 가깝다는 침팬지도 머리털을 그냥 나두어도 절대 눈을 덮거나 목까지 내려오지 않는다. 그렇지만 사람들은 주체할 수 없이 계속 자라는 머리털을 정기적으로 깎을 수밖에 없고, 남자의 경우에는 수염도 계속 자라 수염도 깎고 사는 사람이 대부분인 것이다.

사람은 정기적으로 머리를 깎고 사는데, 이발을 하지 않으면 머리털이 땅에 닿을 정도로 자랄 수 있다. 반면 우리의 친척이라고 할 수 있는 침팬지, 오랑우탄, 고릴라는 물론 털이 있은 모든 동물들은 당연히 이발할 정도로 머리털이 길게 자라지 않기 때문에 이발할 필요가 없다.

사람을 비롯한 모든 동물의 털은 성장기, 휴지기 및 퇴행기의 세 단계를 반복하는 주기를 가진다. 성장기에는 털이 계속 자라며, 휴지기가 되면 성장이 멈춘다. 퇴행기에는 털이 빠져 다시 성장기가 되어 털성장이 계속된다. 대부분의 동물은 비교적 짧은 수주에서 수개월의 성장기를 가져 몸을 보호하고 체온유지에 적당한 길이까지 성장하고 멈추어 오랜 동안의 휴지기를 가진다. 그러나 사람의 머리털은 성장기가 3-5년으로 매우 길며 하루에 0.3mm 정도 씩 자라며 수개월의 휴지기와 퇴행기를 지나 다시 성장기로 진행된다. 사람들의 대부분 머리털은 머리 위에서 계속 자라고 있다고 보면 된다. 머리털을 자르지 않고 손질을 하지 않는 경우 보통 무릎까지 내려가며, 심한 경우에는 서 있을 때에서 땅바닥에 닿을 정도까지 자란다.

다른 동물과는 달리 사람은 머리털을 깍지 않고 살면 머리털이 땅바닥에 닿을 정도로 길게 자란다.

또한 특이한 점은 대부분의 동물들은 이러한 털 성장주기가 일치한다. 즉 대부분의 털이 자랄 때에는 같이 자라고 빠질 때에는 같이 빠진다. 이를 동기화라고 하는 데 이러한 동기화로 인해 동물들은 털갈이 하는 모습을 볼 수 있다. 그러나 사람의 경우에는 머리털이 동기화되어 있지 않다. 즉 머리털 하나하나 각각 고유의 성장주기를 갖고 있어 머리털 털갈이는 볼 수 없다. 사람의 머리에 있는 총 머리털 수는 모두 10만개 정도 된다. 이들 제 각각의 머리털이 자신의 고유한 털 성장주기를 가지고 있어 하루에 머리털이 빠지는 퇴행기에 있는 머리털은 전체 머리 부위에서 고작해야 수십 개밖에 되지 않는다. 만일 하루에 100개 이상 머리털이 빠진다면 탈모를 의심하는 것이 이러한 사람의 독특한 털 성장주기 때문이다.

사람 머리털의 털 성장주기 중 왜 성장기가 이렇게 긴 것인가? 지금까지 털 연구를 하는 전문가들도 이 해답을 찾지는 못하였다. 영국의 한 유명한 털 연구자인 토빈(Tobin)은 우리 선조들이 강가에서 살아 물고기를 많이 먹음으로 인해 중금속이 몸에 많이 축적되어 이를 배출시키려면 머리털이 계속 자라 이를 통해 몸에 해로운 중금속이 배출되는 이점 때문이라고 주장했다. 또 한 가지 이론은 우리 몸에 털이 없어짐과 관련되어 보상적으로 과도하게 자라는 머리털이 서로의 소통할 수 있는 몸 부위로서 역할을 할 수 있다는 두 가지 설을 제시하였다.

영국의 동물학자인 데즈먼드 모리스의 시각은 약간 다르다. 그는 오늘날에는 우리들의 머리털이 성별 신호(gender signal) 즉 성적 신호와 관련 있을 수 있지만, 그 이전에는 '종 신호(species signal)'이었다는 것이다. 다시 말해서 원숭이들이 다른 종과 구분이 되도록 머리털의 모양을 비롯한 서로 다는 모습이 나타나게 된 것이라는 것이다. 사람은 매끈한 알몸 꼭대기에 무성한 머리털을 있음으로 해서 금방 같은 사람임을 알 수 있게 되었다는 것이다.

상당수의 학자들은 우리 조상들이 처음에 살았던 아프리카는 햇볕이 쨍쨍 내리쬐는 초원에서 몸의 털이 없어졌기 때문에 중요한 머리를 비롯하여 몸을 조금이라도 강한 햇볕으로부터 차단하기 위함이라고 주장하고 있다. 현재 아프리카인들을 보면 피부가 검다. 이는 강열한 햇볕으로부터 오는 자외선을 차단하여 피부를 보호하기 위해 멜라닌세포에서 멜라닌을 많이 만들어낸 결과이다. 우리 조상들이 몸에서 털이 없어지기 시작했을 당시에는 피부가 지금의 아프리카인처럼 검지 않았을 것이지만 강렬한 햇볕으로부터 보호 받기 위해서 세월이 지나면서 검은 피부가 되었다.

호모 사피엔스의 머리털이 길게 자라게 된 배경에 대한 토빈이나 데즈먼드 모리스의 이론도 일리는 있으나 주원인은 아닌 것 같다. 아프리카 초원에서 살게 되면서 호모 사피엔스는 몸에 털이 없어지는 방향으로 진화를 하였다. 호모 사피엔스의 긴 머리털은 아프리카 초원의 강열한 햇볕으로부터 중요한 머리뿐만 아니라 털이 없어진 몸을 보호하는데 역할을 하여 머리털을 수시로 자르고 살 수밖에 없게 된 것이다.

겨드랑이털과 음부털

해부학적으로 볼 때 사람의 몸에서 털이 대부분 없어졌지만 남자 여자 모두 겨드랑이털과 음부털은 남아있다는 것은 매우 특이하다. 어떤 학자는 겨드랑이털은 팔과 가슴 사이에 있으면서 마찰을 줄여줄 목적으로 있으며, 음부털도 마찬가지로 다리와 성기 사이의 마찰을 줄이기 위해 존재하는 것이라고 주장하는데 과연 그럴까?

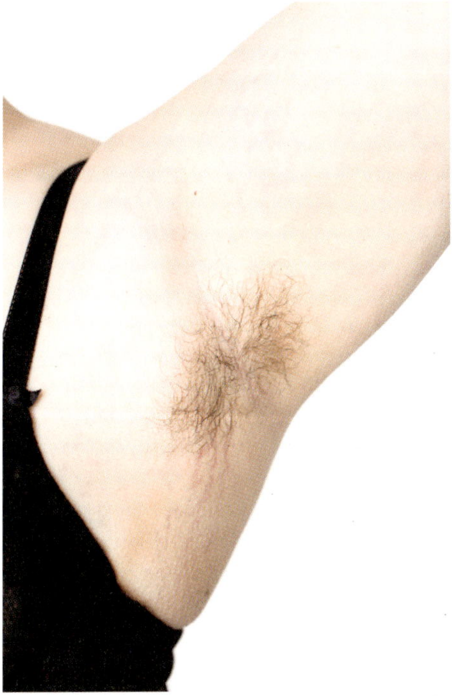

사춘기가 되면 남자 여자 모두 겨드랑이와 음부에 제법 긴 털이 난다.

겨드랑이털과 음부털이 실제로 마찰을 줄이는 데 큰 역할을 하지 않는 정도만 털이 나 있다. 해부학적으로 팔과 가슴이 마찰될 수 있는 동작이 드물며, 특히 음부털이 없어도 다리와 성기가 마찰되어 피부에 문제가 생기지는 않는다. 겨드랑이털과 음부털은 사춘기 이전에는 없다 사춘기가 되면서 나기 시작한다. 이 털들에는 부분분비땀샘(apocrine sweat gland)이 딸려 있다. 이 부분분비땀샘에서는 '페로몬'을 분비한다. 페로몬은 성적 욕구를 증가시키기도 하고 구성원 간의 유대를 강화시키는 등 중요한 역할을 하는 물질이다. 겨드랑이털과 음부털이 피부 마찰을 줄이게 위해 존재한다는 주장은 설득력이 없다고 본다.

기본적으로 털이 있어야 페로몬을 분비하는 부분분비땀샘이 있을 수 있다. 일종의 땀샘인 부분분비땀샘은 체온이 올라갔을 때 분비가 많이 된다. 겨드랑이는 보통의 자세에서 구석지고 폐쇄된 공간이다. 따라서 다른 몸의 부위보다 체온 유지가 잘 되어 페로몬 분비도 잘 될 것이다(머리에도 털이 많이 있지만 노출이 되어 있어 온도가 잘 올라가지 않을 것이며 따라서 페로몬 분비도 겨드랑이털과 음부털보다 적게 생성될 것이다). 이와 같이 겨드랑이털 음부털은 정상적인 환경이라면 사람에게 있어서 매우 필요한 존재이지만 사람이 옷을 입고 살게 되는 등 환경의 변화로 뜻하지 않게 '액취증'이라는 문제가 발생하게 되었다.

사람들이 운동을 하면 땀냄새가 난다. 몸에서 나는 땀냄새도 향기롭지는 않지만 대체로 참을 만하다. 그러나 겨드랑이에서 나는 땀냄새는 참을 수 없을 정도로 고약한 냄새가 나는 경우가 많다. 이를 액취증(腋臭症)이라 하는데 남자보다 여자들에게서 액취증이 잘 생기며 스트레스를 많이 받고 수술까지 하는 일이 벌어진다. 페로몬을 분비하는 겨드랑이에서 땀이 많이 나면 냄새가 역겨워져 곤란한데 왜 이런 문제가 발생했을까?

겨드랑이에서 나는 땀이 바로바로 증발된다면 고약한 냄새는 나지 않을 것이다. 그러나 사람은 '옷'을 입고 있어 겨드랑이에서 난 땀이 증발되지 못하고 부분분비땀샘 분비물과 온분비땀샘(eccrine sweat gland) 분비물(우리가 알고 있는 일반적인 땀 성분)이 뒤섞여 피부에 사는 세균에 의해 분해되어 역겨운 냄새가 나는 것이다. 음부털은 팔과 옆구리 사이에 폐쇄된 겨드랑이털과는 달리 남자 여자 모두 성기 주변이 음부털이 나 있어 겨드랑이털보다는 상대적으로 폐쇄되어 있지 않아 액취증이 발생하는 경우는 드물다.

흥미로운 사실은 남자보다 여자에게서 액취증이 더 심하다는 사실이며 여기서 연유하여 '암내'라는 말까지 있다. 이는 부분분비땀샘 분비물의 재료가 되는 지방성분이 남자보다 여자에게 더 많고 부분분비땀샘 수도 여자가 더 많기 때문이라고 알려져 있다.

또한 우리가 경험적으로도 느끼듯이 동양인보다는 서양인이, 서양인보다는 아프리카인에게서 겨드랑이 땀냄새가 심하게 난다. 여자가 폐경기가 되면 음부털과 겨드랑이털이 적어진다. 이는 앞서 음부털과 겨드랑이털이 물리적인 마찰을 줄이는 기능이 아니라 성적인 것과 연관되어 있음을 보여준다. 남자의 경우에는 여자와 달리 폐경기같이 급격한 성적 변화가 없어 나이가 들어도 음부털이나 겨드랑이털에 큰 변화가 나타나지 않는다.

아프리카인들에게서 왜 액취증에 가까울 정도로 겨드랑이 땀냄새가 심하게 날까? 가장 쉽게 생각할 수 있는 답은 아프리카인의 겨드랑이에 부분분비땀샘이 서양인과 동양인보다 많다고 할 수 있는데 그렇지 않다. 여러 학자들이 연구한 결과 귀지(earwax)의 타입과 액취증과 밀접한 연관성이 있다는 사실을 밝혀내었다.

귀지는 눅눅한 형과 건조한 형으로 나눌 수 있다. 인종 간의 비교 연구 결과, 흑인은 100% 눅눅한 귀지형이었으며, 서양인은 95% 정도 되었다. 그러나 동양인은 주로 건조한 귀지를 가지고 있었다. 일본사람은 눅눅한 귀지를 가지고 있는 사람이 15%, 중국사람은 10%, 한국사람은 5% 정도만이 눅눅한 귀지를 가지고 있었으며, 눅눅한 귀지를 가지고 있는 사람은 대부분 액취증과 밀접하게 연관되어 있음을 확인하였다. 이와 같은 귀지유형의 변화는 'ABCC11' 이라는 유전자의 변이에 의해 결정됨을 밝혀졌다. 아프리카인에게서 액취증에 가까울 정도로 겨드랑이 땀냄새가 심한 이유는 부분분비땀샘이 많아서가 아니라 부분분비땀샘에서 분비하는 성분의 차이에서 생긴 것이다.

사람은 생물학적으로 몸에서 털이 없어지면서 일부 털을 남겨 그래도 페로몬을 분비하여 종족보존에 도움이 되도록 진화를 하였다. 그러나 옷을 입게 되어 겨드랑이는 더욱 폐쇄가 되어 악취가 나는 액취증이 생겨 다른 사람들에게도 피해를 끼치는 일이 발생하게 되었다. 이와 같이 겨드랑이털은 피부의 보호보다 중요한 성적 신호를 보내는 역할이 옷을 입음으로 해서 차단되고 변질되어 애물단지가 되었다. 이제 여자들은 남들에게 겨드랑이털을 보여주는 것을 창피하고 예의가 아닌 것으로 여기는 상황까지 이르렀다. 여자들은 겨드랑이털을 제거하는 것을 당연하게 여기고 있고 이에 따른 제모(除毛) 관련 상품이 많이 팔리고 있다.

유별난 호모 사피엔스

흰 머리털은 왜 생기나?

사람은 나이가 들면서 흰 머리털이 생긴다. 동물들도 늙어가면서 검은 털이 흰 털로 바뀌기는 하지만 사람처럼 극적이지 않다. 사람에 따라 다르지만 40세가 넘어서면서부터 흰 머리털이 생기기 시작하고 60세 정도가 되면 백발이 성성하게 된다. 흰 머리털이 많은 사람은 실제 나이보다 더 나이가 들어 보이는 경향이 있고 늙음의 표시로 여겨 염색을 하는 사람이 많다.

옛날에는 늙은 노인이라는 것이 지금과는 많이 달랐다. 옛날에는 책이나 컴퓨터 같은 것이 없었기 때문에 경험이 많은 노인이 '도서관'이나 정보를 저장하고 있는 컴퓨터 역할을 했다. 이는 우리 조상들이 살았던 사회는 노인이 존중되는 사회였음을 보여준다. 따라서 그 당시에는 흰 머리털이 많이 생긴다는 것은 젊은 사람으로부터 대접을 받는 노인이 된다는 표식이었을 것이므로 아무런 문제가 없었다.

그러나 지금은 상황이 많이 변했다. 책과 컴퓨터를 통한 정보의 홍수 속에서 살고 있어 노인의 경험은 필요 없게 되었다. 이제는 노인은 힘없고 질병에 잘 걸리는 연약한 존재로 전락하고 있는 것이다. 중국의 춘추전국시대에 공자는 사회가 잘 유지되려면 나이든 부모를 공경해야 된다는 효(孝)를 강조하기도 하였지만, 고려시대에 나이 든 부모를 산속에 버렸다는 '고려장'도 있었다. 독립할 수 있을 정도로 자식의 양육을 마친 이후의 노인은 사회에서 대접을 받을 수 없는 상황임을 고려장은 상징적으로 잘 보여주고 있다.

머리털의 기본적인 골격을 이루는 세포는 각질형성세포(keratinocyte)로 이들이 얇아지고 단단하게 결합하여 털을 형성한다. 이때 신경계를 이루는 부분에서 멜라닌줄기세포가 이주하여 털에 정착하고 이들이 멜라닌세포(melanocyte)가 되어 멜라닌을 만들어 각질형성세포에 넘겨주어 검은색 등의 색깔이 있는 머리털을 형성하게 된다. 사람은 3-5년 동안 머리털이 성장기에 있으면서 끊임없이 자라거나 자외선 등의 독성 스트레스에 멜라닌줄기세포나 멜라닌세포에 문제가 생겨 멜라닌을 만들어 낼 수 없는 상황이 되어 결국 흰 머리털이 생기게 된다.

사람들은 흰 머리털이었는데 어느 날 갑자기 검은 머리털이 난 경우를 보고 신기해하고 이것이 어찌 된 일인지 궁금해 한다. 나이가 들어 생기는 대부분의 흰 머리털이 생기는 주 원인은 멜라닌줄기세포가 아예 고갈되어 다시는 검은 머리털이 나는 경우는 없다. 그러나 일부 사람에서 흰 머리털인 사람에서 활성화 되지 않은 멜라닌줄기세포는 남아 있어, 영양 상태가 좋아지거나 특별한 자극에 의해 남아 있던 멜라닌줄기세포가 멜라닌세포로 바뀌고 멜라닌을 만들어 어느 날 갑자기 검은 머리털이 나는 회춘을 하게 되는 것이다.

머리털은 수시로 자르고 살기 때문에 비교하기 어렵지만 남자의 눈썹은 깎거나 하지 않기 때문에 자연 상태 그대로의 변화를 관찰할 수 있다. 나이 든 사람 중에 긴 눈썹을 가진 사람은 흰 눈썹이고, 비교적 짧은 눈썹을 가진 사람은 아직 검은 눈썹이 많다. 필자는 흰 머리털이 생기는 원인이 우리 조상이 나무에서 내려와 초원에서 살면서 머리털을 수시로 깎아야 할 정도로 과도하게 자라나는 것이 주원인 즉 내부적 원인이라고 강력하게 주장하고 있다. 그러나 현재는 흰 머리털이 자외선 등의 독성 스트레스 즉 외부적 요인이 주원인이라는 이론이 더 받아들여지고 있다. 필자의 이론이 인정을 받으려면 앞으로 많은 연구가 필요하다.

중세 유럽에 흰 머리털과 관련된 유명한 일화가 있다. 프랑스 혁명 당시 마리 앙두아네트가 죄를 지어 감옥에 들어갔다. 감옥에 들어갈 때에는 흰 머리털이 아니었는데, 자고 난 그 다음 날에 보니 백발로 변해 있었다는 흥미로운 이야기가 있다. 이를 두고 사람들은 이 사람이 감옥에 들어가 매우 심한 스트레스를 받아 색깔이 있던(금발) 머리털이 갑자기 흰 머리털로 변했다고들 한다. 그러나 과학적으로 금발이 하루 사이에 흰 머리털로 절대로 변할 수 없다. 그렇다면 이러한 이야기가 왜 인구에 회자되고 있을까? 없었던 일인데 누가 거짓으로 이야기를 만들 것일까?

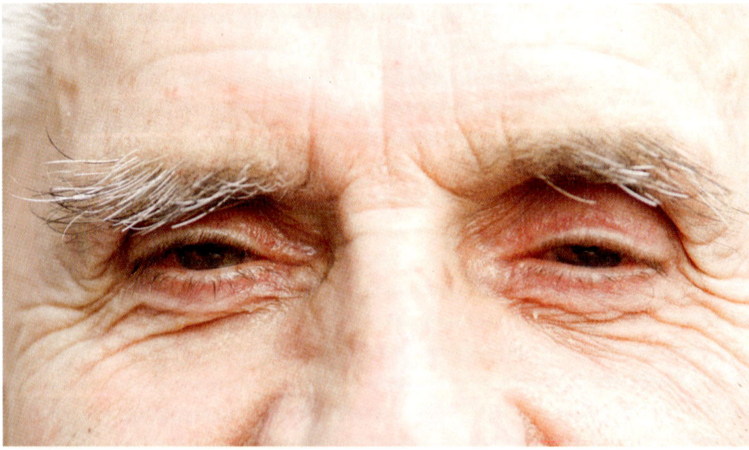

Hair greying is associated with active **hair** growth.

Choi HI, Choi GI, Kim EK, Choi YJ, Sohn KC, Lee Y, Kim CD, Yoon TJ, Sohn HJ, Han SH, Kim S, Lee JH, Lee YH.

Br J Dermatol. **2011** Dec;165(6):1183-9. doi: 10.1111/j.1365-2133.**2011**.10625.x.

(위쪽) 노인의 긴 눈썹은 흰 눈썹이 대부분이다. (중간) 짧은 눈썹을 가진 사람의 눈썹은 검다. 반면에 길게 자란 머리털과 수염은 하얗다. 이는 흰 머리털이 나는 것이 털이 과도하게 성장하는 것과 관련되어 있음을 시사해 준다. (아래쪽) 필자가 2011년에 흰 머리털이 왜 생기는지 대해 연구하여 발표한 논문이다.

이는 생물학적으로 불가능한 일이다. 한 피부과 의사는 이에 대해 이야기하기를 스트레스를 받으면 검은(혹은 색소가 들은) 머리털이 흰 머리털보다 스트레스에 민감하게 반응하여 검은 머리털만 빠져 이렇게 되었다고 보았다. 흰 머리털에 대해 수년간 연구해 온 필자의 입장에서 보면 위의 피부과 의사의 주장은 옳지 않다고 생각된다. 지금까지의 어느 연구결과를 보아도 검은 머리털이 흰 머리털보다 스트레스에 민감하여 더 잘 빠진다는 보고는 없다.

정확한 역사를 파악할 수 없지만 마리 앙투아네트는 붙잡혀 죽기 전까지 수년 동안 극심한 스트레스를 받으며 살아갔을 것이다. 얼마 전에 미국 대통령인 오바마가 대통령에 재선에 성공해서 취임했을 때 4년 전에 비해 흰 머리털이 급격히 늘어난 사진이 공개되어 화제가 된 적이 있다. 마리 앙투아네트는 하루 만에 흰 머리털로 변했을 리는 없으며, 장기간(수년) 동안의 심한 스트레스로 인해 흰 머리털이 생겼을 것이며, 피해 다니느라 일반 대중들은 시간이 흐르면서 점점 흰 머리털로 진행되는 중간 과정을 볼 수 없었을 것이다. 마치 오바마가 중간 사진이 빠져서 스트레스를 많이 받아 갑자기 흰 머리털이 많이 생긴 것으로 오해 받는 것처럼.

대머리(남성형탈모)는 왜 생기나?

일부 남자들은 나이가 들면서 이마 부위부터 머리털이 빠지기 시작하여 심한 경우에는 일부 뒤통수 부위와 옆머리 부분만 빼고 모두 머리털이 빠지기도 한다. 흥미로운 사실은 여자에게서는 이 대머리를 거의 찾아볼 수 없다는 것이다. 그래서 남성형탈모(male pattern baldness)라고도 부른다.

사람의 머리털은 남녀 구분 없이 어릴 때부터 잘 자란다. 겨드랑이털과 음부털은 사춘기가 되었을 때 성호르몬의 작용으로 자라게 된다. 특히 남자의 수염은 성호르몬 중 남성호르몬인 안드로겐(androgen)의 왕성한 분비가 시작되는 사춘기가 되면서 나기 시작한다. 대부분 사람의 머리털의 성장은 성호르몬 특히 안드로겐의 영향을 받지 않는다.

특이한 것은 일부 남자의 경우에는 안드로겐에 의해 털의 성장이 촉진되는 것이 아니라 앞쪽 부분의 머리에서 반대로 털의 성장이 억제되어 남성형탈모(대머리)가 생기게 된다. 대머리가 생기는 위치는 앞쪽 머리 부분으로 옆머리나 뒤통수 쪽의 머리털은 빠지지 않는다. 흥미로운 사실은 '대머리는 모두 털보이다'라는 것이다(그러나 거꾸로 '털보는 모두 대머리이다'라는 것은 성립하지 않는다). 대머리인 사람은 안드로겐의 왕성한 작용으로 수염이 잘 자라 털보가 되는 이해하기 어려운 일이 벌어지고 있다.

다윈의 초상화. 대머리인 남자는 역설적으로 모두 털보이다.

안드로겐 파라독스(androgen paradox)

남성호르몬인 안드로겐은 사람 뿐만아니라 대부분의 동물에서 털을 많이 나게 한다. 사람도 안드로겐과 안드로겐이 결합하여 작용을 하는 안드로겐 수용체(androgen receptor)가 많이 발현되거나 예민도가 증가하여 몸에 털을 많이 나게 한다. 그러나 남성형탈모의 유전적 성향을 가진 사람은 안드로겐에 의해 머리털이 잘 자라는 것이 아니라 반대로 털 성장이 억제되어 대머리가 되는 역설적인 현상을 말한다.

아버지가 대머리인 사람은 상당히 높은 확률로 그의 아들도 대머리가 되는데, 이는 아직은 밝혀져 있지 않지만 대머리가 되는 데 관여하는 유전자가 분명히 있다는 의미이며, 대머리가 생기는 위치가 정도의 차이는 있지만 앞쪽 머리 부분으로 일정한 부위에 생긴다는 것도 흥미로운 사실이지만 이에 대한 기전에 대해서도 아직 아는 바가 거의 없다.

이렇다 보니 대머리인 사람은 이를 극복하기 위해 궁여지책으로 남성호르몬 억제제를 복용한다. 피나스트라이드(finastride)라는 유명한 남성호르몬 억제제는 계속 사용하면 탈모를 억제하는 효과는 확실하지만 약 먹기를 중단하면 다시 머리털이 빠지게 된다. 더욱이 이 약은 남성호르몬 억제제이기 때문에 다량 복용하면 성기능 억제라는 좋지 않은 부작용이 나타날 수 있어 소량으로 조심스럽게 복용해야 한다. 보조적으로 미녹시딜(minoxidil)이란 약도 개발되어 머리털로 가는 혈액 순환을 좋게 하여 탈모를 억제하고 있다. 심한 경우에는 뒤통수에 남아 있는 머리털을 떼어다 머리 앞쪽의 대머리 부위에 심기도 하는 등 호모 사피엔스는 유별난 머리털을 가지고 있고 유별난 행동을 한다.

우리는 남성형탈모인 사람이라고 부르기보다는 보통 '남성형탈모 환자'라고 부른다. 즉 남성형탈모는 질병으로 인식하는 것이고 이로 인해 사람들이 스트레스를 받고 이를 해결하기 위해 난리법석이다. 과연 남성형탈모가 진화론적 입장에서 질병이라고 할 수 있을까?

우리 조상 남자들은 여자들이 굴 같은 집터에서 아이들을 양육하는 동안에 먹잇감을 구하여 사냥을 다녔고, 다른 동물들처럼 마음에 드는 여자를 차지하기 위하여 힘겨루기 싸움을 하였을 것이다. 이때 이발기구도 없는 시절에 앞머리가 치렁치렁 시야를 가리면 사냥하는 데나 싸움하는데 도움이 될 리 없었다. 일본 사무라이가 앞머리를 깎아 검객으로서 활동하는 데 도움이 되었기 때문일 것이다. 결과적으로 남성형탈모는 우리 조상의 남자에게 있어서는 자연선택적으로는 우수형질이었던 것이 분명하다.

그러나 일반적으로 대부분의 암컷 동물은 털 빠지는 수컷에 대해 호감을 가지지는 않는다. 즉 성선택적으로는 열등형질인 것이다. 이러한 배경 때문에 남성형탈모는 젊을 때 잘 생기지 않는다. 짝을 만나 자식을 낳은 후 중년이 되어서 주로 생긴다. 그렇게 때문에 우성의 자연선택과 열성의 성선택이 평형을 이루는 선에서 심심치 않게 남자들에게서 대머리를 볼 수 있는 것이다. 따라서 진화론적 입장에서 보면 대머리는 절대 질병이라고 할 수 없다.

일본 사무라이는 싸움을 할 때 이마 쪽 머리털이 방해가 되므로 머리털을 위로 묶고 대머리처럼 앞쪽 머리털을 깎기도 하였다.

대머리와 관련하여 사람들에게서 자주 입에 오르내리는 이야기가 하나 있다. '대머리인 사람은 정력적'이라는 것이다. 최근의 연구 결과에 의하면 대머리인 사람의 혈중 안드로겐 레벨이 대머리가 아닌 사람과 별 차이가 없음이 밝혀졌다. 단지 털에 있는 안드로겐 수용체(안드로겐이 작용이 나타나려면 필요로 하는 세포나 장기에 이에 대한 수용체가 있어야 효과가 나타나게 됨)가 많거나 예민하게 반응하기 때문에 털이 빠진다는 것이다. 이 결과로 대머리인 사람이 더 성욕적이거나 정력적이라는 것은 맞지 않는다고 볼 수 있다.

한국 남자들은 대머리에 대해 매우 민감하며 자신이 대머리인 것에 대해 많은 스트레스를 받고 산다. 그래서 대머리 치료제를 꾸준히 복용하며 살거나 막대한 돈을 들여 자신의 뒤통수에 있는 머리털을 이식하는 등 난리법석이다. 이에 비해 서양인들은 자신이 대머리인 것에 대해 한국사람에 비해 스트레스를 훨씬 덜 받고 살며 머리털을 이식한 사람도 적다. 왜 이런 현상이 나타날까?

첫째 이유로는 서양인들은 동양인에 비해 대머리인 사람의 비율이 높다. 한 연구 결과를 보면 한국인이 대머리인 비율은 14% 정도이며, 서양인은 대머리의 비율이 다양하지만 10-20% 정도로 한국인에 비해 대머리가 많다고 알려져 있다. 따라서 대머리인 사람이 많은 사회는 같은 부류의 사람이 많다는 점에서 스트레스를 적게 받을 것이기 때문에 치료할 생각도 잘 하지 않을 것이다. 서양인이 대머리가 더 많은 이유는 성선택적인 것보다 자연선택적 진화압이 더 강하게 작용했음을 의미한다. 즉 사냥과 싸움이 중요한 사회였음을 암시해 주고 있으며, 식사를 할 때 서양인은 포크와 나이프(칼)를 사용하지만, 한국인은 숟가락과 젓가락을 사용한다는 것이 이를 시사해 준다.

둘째로는 서양인은 개인주의적이지만 한국인은 그렇지 않다는 것이다. 더욱이 한국 사회는 외모지상주의가 심해 자신의 용모에 많은 관심과 투자를 할 수밖에 없다. 성형외과나 피부과 의사들이 좋아하지 않겠지만 대머리는 질병이 아니며 진화해부학적으로 보면 대머리인 사람의 조상은 훌륭한 사냥꾼이나 용맹한 전사였을 것이기 때문이다. 우리나라는 대머리를 환자 취급하는 정도의 문화이어서 쉽게 자신이 대머리라는 것에서 자유로울 수 없다. 그러나 대머리이신 분이 이 책을 읽고 조금이나마 스트레스에서 벗어났으면 하는 바람이다.

가마가 두 개인 남자는 두 번 장가를 간다?

사람들의 머리털을 자세히 관찰하여 보면 대부분 뒤통수가 시작되는 부위에 가마(scalp whorl)라는 머리털 소용돌이가 있다. 보통 사람은 대부분 가마가 한 개인데 필자는 뒤통수 시작부위에 두 개 그리고 이마부위에 한 개 도합 세 개의 가마를 가지고 있다!

사람들에게 사람과 가장 가까운 친척이라 할 수 있는 침팬지에게 가마가 있는지 없는지 물어보면 대부분 있을 것이라고 대답을 한다. 침팬지의 유전자가 사람과 98.6%가 동일하니 이러한 추측은 당연하다. 그러나 침팬지는 물론 고릴라 등 유인원은 가마를 가지고 있지 않다. 그렇다면 사람의 머리털에서 무슨 일이 벌어져 가마가 생기게 되었을까?

가마가 왜 생기는지 지금까지 밝혀져 있지 않다. 사람에 대해 연구하는 많은 과학자들은 암, 치매, 중풍 등 사람의 생명과 직접 연관되어 있는 주제에 대해서는 대부분 연구를 하고 있지만, 가마처럼 사람의 질병과는 직접적인 연관성이 매우 적은 주제는 등한시되고 있다. 가마의 모양은 우주의 은하계의 모양과 유사한 것을 보면 가마가 만들어지는 데 우주의 심오한 법칙이 작용하고 있음을 짐작할 수 있다.

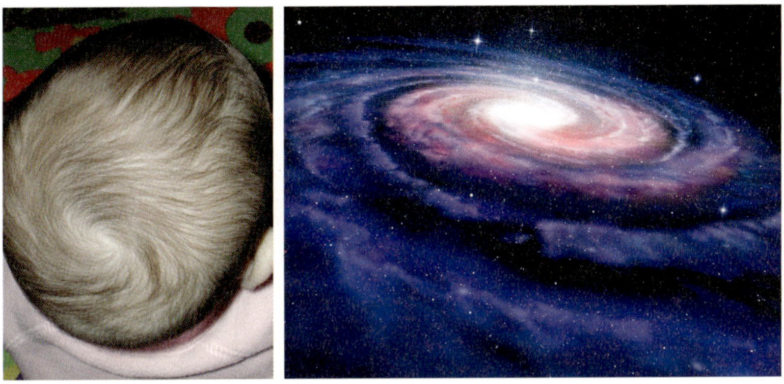

(왼쪽) 가마가 한 개인 아이의 머리 모습이다. (오른쪽) 한 은하계의 모습으로 가마의 소용돌이와 유사한 모양을 하고 있다.

최근까지 발표된 것을 보면 가마의 방향과 동성애 성향이 관련 있다는 논문과, 가마의 방향이 오른손잡이 또는 왼손잡이와 관련 있다는 정도의 연구가 발표되었는데 과학적으로 전혀 근거 없는 이야기이다. 이는 '가마가 두 개 있으면 두 번 장가를 간다'는 우스갯소리의 수준밖에 되지 않는다. 그렇다면 과학적으로 사람 머리에는 가마가 왜 생기는 것일까? 우선 사람 머리털의 해부학을 알아야 한다.

머리털 한 구멍에서 한 머리털이 나오는 것은 거의 없고 2-3개 정도 되는 머리털이 동시에 한 구멍을 통해 자란 것을 볼 수 있다. 더욱이 머리털의 방향도 일정하지 않고 제각각이다. 다른 동물들은 털의 방향이 대부분 일정하다. 개나 고양이의 털의 결을 자세히 보라. 머리털의 방향은 앞쪽에서 뒤쪽으로 아주 질서정연하게 방향을 이루고 있으며, 이러한 양상은 침팬지에서도 마찬가지이다.

대부분의 동물은 머리털을 비롯한 몸의 털을 일정 기간에 털갈이를 한다. 생쥐의 털과 같이 대부분 동물들의 털은 군대가 사열하는 모습처럼 질서정연하게 나 있다. 털이 빠지기 시작하면 한 부분에서 시작되어 도미노처럼 이웃한 털에게 그 신호가 전달된다. 빠르게 전달된 신호는 털이 한꺼번에 빠지는 털갈이를 하게 된다. 우리와 친척인 침팬지도 털갈이를 한다.

사람의 머리털은 독립적으로 행동한다. 10만 개나 되는 머리털이 독립적으로 털주기를 가지는데 성숙기가 3-5년으로 매우 길고 휴지기는 매우 짧아(약 3개월) 사람의 머리털은 하루에 수십 개의 머리털이 빠지고 새로 나서 거의 일정한 수의 머리털을 평생 동안 유지 할 수 있게 되었다. 사람이 왜 털갈이를 하지 않고 털이 무질서하게 배열되게 되었는지 그 진화론적 배경이 궁금하다. 이에 대해 납득할 만한 이론을 제시한 과학자는 아직 아무도 없다.

앞서 이야기 한 바와 같이 필자는 특이하게도 가마가 세 개다. 어릴 때부터 들은 이야기가 '가마가 세 개이니 세 번 장가를 간다'는 것이었다. 왜 이런 이야기가 인구에 회자되고 있을까? 그것은 우리나라에서는 장가를 갈 때 '가마'를 타고 가는 풍습이 있었다. 두 가마라는 단어가 뜻은 다르지만 같은 소리의 말이기 때문에 이러한 속설이 나왔을 것이다.

필자의 머리털을 특수 현미경으로 관찰한 것으로 털의 방향이 일정하지 않을 뿐만 아니라 하나의 털구멍에서 2~3개의 털이 자라고 있다.

필자처럼 가마가 여러 개 생기는 이유는 무엇일까? 아직까지 사람에게서 가마가 어떻게 왜 생기는지 알 수 없는 상황에서 여러 개의 가마가 생기는 이유도 잘 알 수 없다. 단지 사람의 머리털은 임신 6개월경에 나기 시작하며, 이러한 발생 과정 중에 가마가 생기고 태어날 때에는 이미 모든 사람이 가마를 가지고 태어난다. 현재 가장 설득력 있는 가설은 가마는 엄마 뱃속에서 털이 나기 시작하는 지점에서 주변으로 털이 자라나면서 소용돌이가 형성된 것이라고 추정하고 있다. 필자의 가마가 세 개인 것은 엄마 뱃속에서 세 군데에서 머리털이 나기 시작했다는 의미일 것이다.

가마가 왜 생기는지 규명하려면 사람의 발생 과정을 속속들이 알아야 하고, 털의 방향성과 관련된 유전자에 관한 연구와 털과 털이 상호 작용하여 위치가 변화하는 수학적 물리학적 연구까지 동원한 심도 높은 융합연구가 필요하다. 하지만 요즈음 연구의 키워드인 '창조경제'와 관련이 없어 가마를 연구해 보겠다고 나서는 연구자가 없어 매우 아쉽다.

유별난 호모 사피엔스

눈썹이 있는 이유

사람은 다른 동물들에게는 없는 눈썹을 가지고 있다. 일반적으로 이 눈썹은 땀을 흘리거나 비가 올 때 눈이 젖는 것을 막아주기 때문에 존재한다고 알려져 있다. 그러나 우리는 비가 올 때나 심한 운동을 할 경우 이 작은 눈썹이 땀이나 빗물이 눈에 들어가지 않게 하는 데 별 도움이 되지 않는 것을 경험하였을 것이다(땀이 눈에 들어가지 않게 하기 위해서는 땀을 잘 흡수할 수 있는 머리띠를 두르는 것이 훨씬 효과적이다). 눈썹이 있는 다른 중요한 이유가 있을 것 같다.

눈썹의 털은 500 여개 정도로 구성되어 있으며, 머리털에 비해 자라나는 속도가 훨씬 느리며 어느 정도 자라면 성장을 멈춰 짧은 눈썹을 만든다. 우리와 가까운 친척인 침팬지를 살펴보자. 침팬지는 사람과 달리 눈썹이 없다. 이마에도 머리털이 존재하며 사람의 눈썹이 있는 위치에는 정작 눈썹이 없다. 그 대신에 눈 위쪽으로 머리뼈가 아치형으로 튀어나와 사람의 눈썹 역할을 대신해 준다.

지금 살고 있는 침팬지를 보면 우리의 먼 조상 즉 침팬지와 호모 사피엔스의 공동 조상은 눈썹이 없었을 가능성이 많다. 사람이 직립하게 되고 뇌가 커지는 진화를 함에 따라 이마부위가 앞으로 튀어나오게 되었다. 결국 침팬지에는 있는 눈 위쪽의 아치형 머리뼈(눈썹활, superciliary arch)가 사라지게 되었다.

그렇다면 침팬지의 눈썹활은 왜 있는가? 일반적으로 알려진 것처럼 땀과 빗물이 눈에 들어가는 것을 막기 위해 있는 것 같지는 않다. 왜냐하면 다른 동물, 예를 들어 개, 소, 고양이, 쥐 등 대부분의 동물들은 사람과 마찬가지로 눈썹활이 없으며 눈썹도 없다. 이는 일반적으로 알려진 눈썹활과 눈썹의 주 기능이 땀과 빗물이 눈에 들어가는 않게 하는 것이 아님을 보여준다. 어떤 학자는 의사소통을 위해 표정을 짓는 데 사용하기 위함이라는 주장도 있지만 그다지 설득력이 있는 것 같지는 않다.

(위쪽) 침팬지는 눈 위쪽으로 뚜렷한 눈썹활을 가지고 있지만 눈썹은 없다. (아래쪽) 사람은 눈 위쪽으로 뚜렷하지 않은 눈썹활을 가지고 있지만 대신 눈에 뜨이는 눈썹을 가지고 있다.

한 가지 흥미로운 사실은 대부분 동물은 속눈썹(eyelash)은 가지고 있다는 것이다. 이 속눈썹은 눈꺼풀 가장자리에 위치하여 눈에 이물질이 들어가지 않도록 하는 데 도움을 준다.

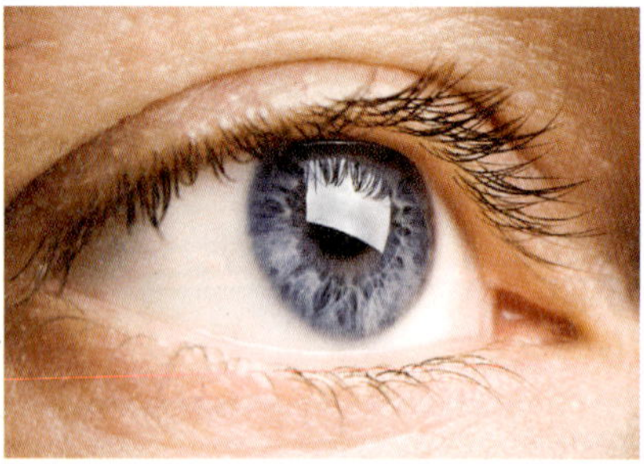
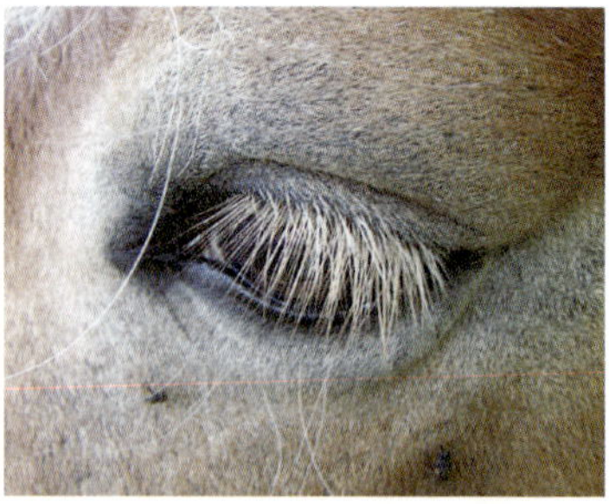

(왼쪽) 사람의 눈으로 눈꺼풀 가장자리에 속눈썹이 나 있다. (오른쪽) 말의 눈으로 사람과 마찬가지로 속눈썹이 있다.

침팬지와 비교하여 보면 호모 사피엔스의 눈썹은 침팬지 눈썹활의 대치물이라고 볼 수 있다. 다시 말하면 눈썹은 호모 사피엔스라는 종을 표시하는 구조 중에 하나라고 할 수 있다. 그러나 이마 부위에는 털이 없어졌지만 눈썹에 털이 남아 있으며, 이 눈썹털은 머리털과 달리 길게 자라지 않고 짧은 털을 유지하는 등 풀리지 않은 수수께끼로 남아있다.

사람의 눈썹은 남녀 모두 존재하는데 일반적으로 남자의 눈썹이 길고 털도 많은 편이다. 한 가지 흥미로운 사실은 젊을 때에는 남녀의 눈썹 길이나 성장 속도의 차이는 크지 않다. 그러나 나이가 들면 상당수의 남자들의 눈썹은 짙어진다. 즉 사진에 있는 남자처럼 눈썹이 무성해지고 길어진다. 이는 남성호르몬인 안드로겐의 작용에 의한 것이다.

여기서 한 가지 해석하기 어려운 문제가 하나 남아 있다. 남자들에게서 안드로겐이 증가하여 수염이 젊을 때부터 잘 자라지만 눈썹은 왜 늙어서 잘 자라는가 하는 것이다. 생물학적인 해석으로는 눈썹은 수염과 달리 젊은 때에는 안드로겐에 대한 반응성이 떨어지지만 나이가 들면서 안드로겐에 대한 반응성이 증가했음을 의미한다. 더욱이 안드로겐은 나이가 들면서 점점 감소한다는 사실은 잘 알려져 있기 때문이다. 결국 나이가 들면서 자신의 힘이나 활동력이 떨어짐을 보완하려는 적응 양상으로서 눈썹의 안드로겐 수용체의 활성이 증가되었다고 볼 수 있다. 이러한 사실에서 알 수 있는 것은 남자에게 있어서 눈썹은 남성다움의 표식과 관련되어 있다는 것이다.

그렇다면 여자의 눈썹은 어떤 의미가 있는가? 만일 여자의 눈썹이 무성하고 길게 자란다면 남자들이 선호하지 않을 것이다. 여자의 눈썹은 남자보다 중요하지 않은 것 같다. 레오나르도 다빈치의 유명한 '모나리자'를 보면 눈썹이 보이지 않는다(원래 그림은 눈썹이 있었지만 시간이 지나면서 지워진 것으로 알려져 있음). 그래도 모나리자는 이상하지 않고 아름답다. 그래도 여자들은 호모 사피엔스의 표식 중에 하나인 눈썹을 화장하는데 공을 들이고 있다. 여자에게 있어서 눈썹은 미적 대상이 되었다.

요약하면 호모 사피엔스는 눈썹활이 없어지는 방향으로 진화하면서 눈썹활 부분에 대치 구조물로서 눈썹이 생긴 일종의 종(species) 표식이라 볼 수 있다.

4부

호모 사피엔스의 환희와 비애

"프랑켄슈타인은 출산의 공포로 잉태된 괴물이다"

서울대 인문학연구원 HK문명연구사업단 손현주

우리의 조상들은 왜 숲이 아닌 초원에서 살게 되었나?
자유로워진 손
사람은 왜 오른손잡이가 훨씬 많은가?
우리는 어떻게 영리해졌나?
수상학(手相學)을 믿는 어리석은 사람들
호모 사피엔스와 네안데르탈인
냄새를 잘 못 맡는 호모 사피엔스
심한 출산의 고통
호모 사피엔스에게 특이하게 나타나는 병
역경을 이겨낸 호모 사피엔스

우리의 조상들은 왜 숲이 아닌 초원에서 살게 되었나?

호모 사피엔스가 숲에서 나와 초원에서 살게 되면서 우리 인간은 몸에 많은 구조적 변화와 기능적 변화를 겪는 진화 과정을 거치면서 생태계에서 현재의 위치를 차지하게 되었다. 호모 사피엔스가 어떤 이유로 안전한 숲을 떠나 초원에서 살게 되었는지 매우 흥미로운 문제이다.

우리 조상들이 두발로 서서 다니게 된 것은 아프리카가 기후 변화로 열대 우림이 초원으로 바뀌었고 이에 따라 유인원들이 땅에 내려와 살게 되면서부터라는 것이 일반적으로 받아들여지는 사바나이론이다. 현재의 아프리카 원주민들을 보면 피부가 매우 검다. 이는 우리의 조상들이 몸에 털이 없어진 상태에서 강한 햇볕에 장시간 노출된 것에 대해 적응한 것을 보여주는 것이다. 또한 고고학자들의 연구 결과 우리 조상들이 과거 600만 년 동안 주로 초원에서 살았음을 지질학적으로 밝혀내어, 우리의 조상들이 숲이 아닌 강열한 햇볕이 있는 초원에서 살아온 것은 부정할 수 없는 사실이다.

우리 조상들이 살았던 흔적으로 뼈는 남아 있지만 피부는 완전히 썩어 없어져 확인할 길이 없다. 이는 우리 조상들이 어떤 피부를 가졌는가는 알 길이 없어 이와 관련된 이론은 가설에 머무를 수밖에 없다. 상식적으로 볼 때, 주변에 나무들이 울창한 숲이 없어 어쩔 수 없이 초원에서 살 수도 있지만, 근처에 울창한 숲이 있기는 하지만 나무 위에서 살아가기에 불편하여 초원에서 살 가능성도 있다. 현재로서는 후자에 대한 가능성은 거의 생각을 하지 않고 있으며 주로 전자의 이론이 인정을 받고 있다.

그러나 이 이론은 수많은 영장류들이 아프리카의 숲에서 살고 있다는 사실을 잘 설명해 주지 못하며, 우리의 조상인 오스트랄로피테쿠스가 초원이 아닌 숲에 살면서 나무타기와 직립보행을 같이 했음을 보여주는 증거도 발견되어 우리의 조상들이 왜 나무에서 내려오게 되었는지 다시 한 번 생각해 볼 필요가 있다. 이언 태터솔이 쓴 〈인간되기〉에서도 호미니드의 화석과 섞여있는 동물상을 보면 멀지 않은 곳에 숲이 있었던 것으로 추정하였다. 따라서 우리 조상들이 다시 숲으로 가지 않고 두 발로 초원에서의 생활을 계속하게 되었는지에 대해 의문을 제기하고 있다.

진화학 전문가인 한윤수 교수(중앙대학교 생명과학과)는 본장의 질문에 대해 다음과 같은 의견을 피력하였다. '현재 발견되는 고대 인류의 조상의 골격을 보면 땅과 나무 생활이 동시에 가능한 형태이다. 침팬지와 인류의 조상은 이렇게 나무와 땅에서 동시에 생활이 가능하였다. 동아프리카 지구대의 형성으로 두 무리로 나뉘게 되고, 지구대의 동쪽은 건조기

후로 초원지대가 되며, 서쪽은 우림지역으로 되었다. 인류의 조상은 지구대의 동쪽에, 침팬지의 조상은 서쪽에 고립되어 자기 환경에 맞게 더욱 진화하였다.'

침팬지를 비롯한 유인원들은 나무뿐만 아니라 자주 땅 위에서도 생활을 하였다.

최근에 유전자 분석 결과 사람과 침팬지는 98.6%가 유전자 서열이 동일하고, 사람과 고릴라는 98.3%, 사람과 오랑우탄과는 96.6%의 유전자 서열이 동일함이 밝혀졌다. 흥미로운 사실은 사람하고 계통발생학적으로 두 번째로 가까운 고릴라는 대략 사람의 두 배 정도 되는 몸집을 가지고 있으며 숲에서는 살고 있지만 큰 몸집 때문에 주로 땅에서 산다는 것이다. 오랑우탄은 큰 몸집을 가지고 있지만(수컷 오랑우탄은 체중이 70kg이 넘음), 2미터가 넘는 강한 팔을 가지고 있어 주로 나무 위에서 산다. 호모 사피엔스가 숲에서 나온 이유가 몸집이 커진 것과 관련될 가능성은 적음을 보여준다.

여기서 고래의 진화과정을 살펴볼 필요가 있다. 포유류인 고래의 조상은 하마류이다. 주로 강가에서 사는 하마 중에 바다로 나가 살게 된 것이 고래이다. 하마는 그래도 육상동물에 속하므로 다리가 있지만, 고래는 다리 대신 물고기처럼 지느러미를 가지고 있다. 어떠한 상황이 하마를 다시 바닷가에서 육지가 있는 강가로 갈 수 없게 만들었는지는 알 수 없지만, 하마는 포유류임에도 불구하고 바다에서 살아남도록 지느러미를 가지게 진화를 하였다. 하마는 처음에 얕은 바닷가 주변에서 생활하면서 오랜 세월을 거치는 동안 다리 대신 지느러미를 가지는 고래로 점진적으로 변화하였으며 그 흔적도 발견되고 있다.

호모 사피엔스는 한윤수 교수가 이야기 하는 것처럼 숲이 없는 사바나 초원이라는 새로운 환경에 고립되어 이에 맞게 진화를 하였는지, 아니면 태터솔의 주장처럼 호모 사피엔스가 근처에 숲이 있는 데도 되돌아가지 않았는지 하는 것이다.

아프리카 초원에서 살게 된 초기 인류는 땅에서도 어느 정도 적응 가능한 해부학적 구조를 가지고 있었지만 근본적으로는 영장류이기 때문에 나무에서의 생활이 훨씬 편하고 안전했을 것이다. 더욱이 초원에는 사자, 호랑이 등 사나운 맹수가 우글거리고 있어 우리의 조상들의 삶은 매우 절박했으며 위험했다. 만일 근처에 숲이 있었다면 본능적으로 다시 숲으로 돌아갔을 것이다. 결국 초원에 고립되어 어쩔 수 없이 척박한 환경을 극복해야만 살아남을 수 있었다. 태터솔의 주장은 설득력이 떨어진다.

이러한 척박한 환경을 이겨내기 위해서는 맹수처럼 힘이 세든지 사슴처럼 연약하기는 하지만 민첩하여야 했는데 유인원인 호모 사피엔스는 이러한 방향으로 진화는 불가능하였고, 지능 발달이라는 특이한 진화를 통해 역경을 이겨낼 수 있게 되었다. 만일 우리의 조상이 초원에서 살지 않고 살기 좋은 숲에서 계속 살았더라면 호모 사피엔스는 출현할 수 없었거나 침팬지의 지능과 생활 양상이 비슷한 '제2의 침팬지'가 되었을 것이다.

호모 사피엔스가 살아남을 수 있었던 결정적인 해부학적 변화는 직립이라는 자세에 적응한 머리뼈의 위치이다. 사람의 뇌가 들어있는 머리와 목이 연결되는 부위에는 큰구멍(foramen magnum)이 있어 척수와 이어진다. 사람의 머리뼈는 '떡장수'처럼 머리뼈 안에 크고 무거운 뇌를 지탱할 수 있는 구조이다. 호모 사피엔스가 유인원과는 다른 특별한 진화를 한 것이 머리뼈의 큰구멍의 위치에서 비롯되었음을 알 수 있다.

자유로워진 손

우리의 조상들이 초원에서 살면서 살아남기 위해서 가장 중요했던 일은 먹을거리를 찾고 이를 무리가 있는 곳으로 운반하는 일이었을 것이다. 먹을거리를 운반하기 위해서는 손을 사용해야만 했고, 그러기 위해서는 두 발로 서서 다녀야 했다. 다른 동물들은 턱뼈와 턱 근육이 발달하여 먹을거리를 입으로 물고 운반할 수 있지만 호모 사피엔스의 턱은 무거운 먹을거리를 입으로 운반할 수 있는 힘이 절대적으로 부족하였다.

지금 우리 자신의 손과 발을 한 번 보라. 손과 발의 모양에는 척박한 초원이라는 환경에서 살아남기 위해 적응하고 역경을 이겨낸 역사가 담겨 있다. 특히 뒷발은 발가락뼈가 짧아지고, 발바닥의 대부분을 이루는 발허리뼈(metatarsal bones)는 중심을 잘 잡을 수 있도록 길어지고, 무게를 잘 견디도록 발목뼈(tarsal bones)는 커지고 튼튼해졌다.

호모 사피엔스는 무거운 먹을거리를 운반하기 위해서는 두 발로 서서 다니고 손을 사용해야만 했다.

우리 조상들은 초원에서 살면서 손을 쓸 수밖에 없었다. 이에 따라 두 발로 다니게 되었고 손이 자유로워졌다. 손이 자유로워짐과 동시에 뇌가 커지면서 호모 사피엔스는 초원에서 연약한 동물에서 강자가 되는 계기가 마련되었다.

생물학적인 측면에서는 이상한 손을 가지게 되었지만 생태계에서 어떻게 네 발 달린 동물보다 상위에 위치하게 되었을까? 그것은 자유로워진 손만 있었다면 불가능하였을 것이다. 사람은 발달된 지능으로 도구를 사용할 수 있게 되었기 때문일 것이다. 사람과 계통발생학적으로 가장 가까운 침팬지도 다른 동물에 비해서는 손이 비교적 자유스러워 상대방의 몸 털에 있는 이를 잡아주기도 하고, 썩은 나무속에 있는 개미를 먹기 위하여 가는 나뭇가지를 사용하기도 한다. 또한 돌멩이로 단단한 열매의 껍질을 부수어 먹기도 하는데 지능의 한계 때문에 그 이상은 할 수 없다.

초원에서 살게 된 호모 사피엔스는 주변에 오를 나무도 없어 팔의 힘은 약화되었다. 현재 우리는 특별한 훈련을 받지 않으면 나무를 거의 오르내릴 수 없다. 자유로워진 손은 먹을거리를 운반하는 일을 넘어서서 도구를 사용하게 되었고, 돌멩이나 창을 던질 수 있는 정교한 팔과 손을 가지게 되었다.

침팬지는 나무를 잘 오르내릴 수 있지만, 다 큰 침팬지의 공 던지기 실력은 아마도 열 살도 안 되는 어린이 수준 정도밖에 되지 않는 것이다. 우리나라의 국보급 투수였던 박찬호 선수는 시속 160km에 가까운 속도로 19미터 정도 떨어진 포수가 원하는 위치로 던질 수 있다. 침팬지에게서는 상상도 할 수 없는 일이다. 이와 같은 던지기를 하려면 팔뿐 아니라 몸통 다리 등의 근육과 신경이 잘 발달되어야 가능한 것이다. 이는 사람의 진화 방향이 다리 근육을 정교하게 균형을 잡고 움직일 수 있는 근육과 신경계가 발달하는 방향이었음을 알 수 있다.

뇌과학이 발전하여 사람에서 손 감각이나 운동을 담당하는 뇌의 구역이 얼마큼 되나 살펴보았다. 이를 호문쿨러스(homunculus)라 부르는데 사람의 손이 흥미롭게도 괴물의 손처럼 엄청나게 크게 표현되어 있다. 이것이 뜻하는 의미는 사람의 손에 감각신경과 운동신경이 다른 신체 부위보다 훨씬 많이 분포하여, 예민하게 지각할 수 있고 민첩하게 운동할 수 있게 되어 있음을 뜻한다. 손은 정교한 운동을 담당하여 운동 영역이 감각 영역보다 크다.

사람의 운동(motor) 호문큘러스로서 특히 손의 운동영역이 더 크다. 감각(sensory) 호문큘러스는 운동 호문큘러스와 유사하나 손은 운동영역보다 작고, 성기의 영역은 운동영역보다 크다.

대부분의 동물들은 먹잇감을 구하거나 적과 싸워 이기기 위해 자신은 몸에 '무기'를 하나 정도는 가지고 있다. 여기서 적은 종이 다른 동물일 수도 있지만, 같은 종에서 암컷을 차지하기 위한 싸움에서 이기기 위해서도 뿔 같은 무기를 가지고 있다.

호랑이, 사자 등 육식동물은 견치류로서 날카로운 송곳니와 힘이 강한 턱을 가지고 있다. 여기에 추가적으로 날카로운 발톱을 가지고 있어 먹잇감을 잘 쥘 수 있은 무기도 가지고 있다. 조류는 날카로운 발톱을 가지고 있으며, 초식동물들은 뿔을 가지고 있다. 우리와 가장 가까운 침팬지도 견치류이어서 날카로운 송곳니를 가지고 있다. 사람도 견치류이지만 날카로운 송곳니가 없다. 그렇다고 날카로운 손톱 발톱도 뿔도 없다. 그렇다면 호모 사피엔스는 자신의 몸으로 만든 무기가 없는 것일까?

호모 사피엔스는 자신의 몸에서 날카로운 송곳니가 무디어 지는 쪽으로 진화를 하였다. 상식적으로 꼬리처럼 자신의 몸에 불필요한 구조가 없어지는 것은 쉽게 이해할 수 있다. 날카로운 송곳니가 없어진 것은 어떻게 이해를 해야 하나? 이는 사람에서는 정교한 손을 가진 팔이 무기 역할을 대신할 수 있었기 때문일 것이다. 기본적으로 사람들은 주먹질을 기본으로 싸움을 하지만, 도구의 발달로 자신의 몸이 아닌 창이나 칼 등을 사용하게 되어 더욱 더 손이 더 중요한 무기가 되었다.

사람은 왜 오른손잡이가 훨씬 많은가?

사람에게서 흥미로운 사실 중 하나는 대부분의 사람들이 '오른손잡이'라는 것이다. 다른 동물에서도 사람처럼 한쪽을 더 많이 사용한다는 일부 연구 결과는 있지만 사람처럼 뚜렷한 차이는 없다. 사람의 경우에는 열 명 중 아홉 명이 오른손잡이로 오른손잡이가 압도적으로 많다.

사람이 왜 이렇게 오른손잡이가 많은가에 대해 일부 연구자들이 연구를 하였다. 이에 대해 간단히 살펴보자. 한 영국의 학자가 연구한 바에 의하면 부모가 모두 왼손잡이인 경우 부모가 모두 오른손잡이인 경우보다 자식이 왼손잡이인 경우가 많음을 확인하였다. 이는 어떤 유전자가 관여하는지는 잘 모르지만 오른손잡이와 왼손잡이가 나타나는 것에 유전적 소인이 있음을 말해준다. 양쪽 부모가 모두 왼손잡이인 경우에 자식이 왼손잡이인 경우가 26% 정도 밖에 되지 않기 때문에 유전적인 소인이 있기는 하지만 그 자세한 내막은 아직 알 길이 없다.

오른손잡이가 많은 이유에 대하여 별이별 이론이 난무하고 있지만 어느 정도 설득력 있는 가설을 살펴보자. 그 출발점은 사람의 심장이 가슴의 왼쪽에 있다는 사실이다. 다수의 수유 여성을 관찰한 결과 오른손잡이와 왼손잡이에 관계없이 아기를 왼쪽 젖에 물리는 경향이 있다는 사실이 확인되었다. 이는 산모가 본능적으로 아이가 산모의 자궁 속에서 듣던 심장 소리를 잘 들을 수 있도록 한다는 것이다. 이렇게 되면 왼팔과 왼손으로는 아기를 산모의 왼쪽 젖을 물리는 데 전적으로 사용해야 하는데 이때에는 주로 정교함이 필요 없이 지탱하는 일만 하면 된다. 오른팔과 손은 비교적 자유로워 다른 정교한 일(예를 들어 젖을 다 먹은 후 아기의 트림의 하게 하는 동작 등)을 동시에 잘 할 수 있었기 때문에 오른손잡이가 유리하다는 것이다.

많은 산모들이 아이의 젖을 먹일 때 왼팔과 왼손으로 아기를 끌어안고 왼쪽의 젖꼭지에 젖을 물린다.

이러한 이론은 사람에게서 오른손잡이가 많다는 사실을 일부 설명해 줄 수는 있지만 압도적으로 오른손잡이가 많다는 것을 설명하기에는 턱없이 부족하다. 이러한 문제를 과학적으로 연구하여 과학적 근거에 바탕을 둔 여러 가지 이론들을 살펴보면 다음과 같다.

사람을 비롯한 대부분의 동물들의 뇌는 양쪽 대뇌반구(cerebral hemisphere)로 나누어진다. 즉 거의 같은 구조로 가운데를 중심으로 하여 대칭으로 되어 있다. 뇌를 효율적으로 사용하기 위해서는 양쪽 대뇌반구에 같은 기능을 하는 곳이 중복하여 있을 이유가 없다. 그래서 뇌는 양쪽 대뇌반구에서 하는 일이 분담되어 있다. 말하는 것과 손으로 하는 작업 등은 매우 정교한 운동이 필요하여 같은 쪽 대뇌반구에 위치하면 이 대뇌반구가 '우세 대뇌반구'가 된다. 사람의 경우 오른손잡이가 많으니 주로 왼쪽 대뇌반구가 우세 대뇌반가구가 되는 것이다. 이와 같이 언어중추가 있은 우세 대뇌반구에 정교하게 잘 사용할 수 있는 손잡이를 결정하는 중추가 있는 것은 과학적으로 입증된 사실이다. 그렇지만 왜 우세 대뇌반구가 압도적으로 왼쪽 대뇌반구인가에 대해서는 전혀 설명해 줄 수 없다.

최근에 유전학의 눈부신 발전으로 전보다 자세한 유전적인 연구를 할 수 있게 되었다. 손잡이 또는 대뇌 우세성에 대한 연구의 세계적인 권위자인 크리스 맥마누스(Chris McManus) 등은 단순한 유전학적 설명으로는 설명이 될 수 없으며 즉 손잡이가 한 유전자에 의해 결정되는 것이 아니라 여러 유전자가 관여하는 복잡한 결과라고 하였다. 이것 또한 과학적인 근거가 있는 주장이기는 하지만 위의 이론과 마찬가지로 90% 가까운 사람들이 왜 오른손잡이인가를 설명하기에는 불충분하다.

이 밖에도 디에틸스틸베스트롤(diethylstilbestrol)이라는 호르몬이 자궁 속의 아이에게 노출이 많이 되면 왼손잡이가 될 확률이 높다는 연구 결과 등 다양한 이론이 있지만 설득력이 부족한 편이다. 동물들도 이러한 손잡이 경향을 나타내는데, 그중 캥거루의 한 종류(Macropus rufus)는 사람과는 반대로 대부분 왼손잡이다. 이러한 사실은 우리의 조상이 몇 명에서 시작되었는지 알 수 없지만 대다수가 '우연히' 오른손잡이였다고 가정할 수 있다. 더욱이 앞서 살펴본 바와 같이 심장이 가슴의 왼쪽에 있어 젖먹이는 데 불리하지 않아 오른손잡이는 고착화될 수 있었을 것이다.

독일의 군투르쿤 박사는 사람들이 키스할 때 코를 어느 쪽으로 기울이는지 연구를 하였다. 그 결과 3분의 2 정도가 고개를 오른쪽으로 기울인다는 사실을 확인하였으며 그 이유로 대부분의 사람이 오른손잡이이며, 태어나기 전 며칠 동안 엄마 배속에서 고개가 오른 쪽으로 기울어졌었기 때문이라고 하였다.

군투르쿤 박사의 설명 중에 엄마 배속에서의 설명은 설득력이 없다. 발생학적으로 엄마 배속에서 고개의 방향은 무작위로 정해지는 것이며 오른손잡이인가 왼손잡이인가 하는 문제는 팔과 손의 문제이지 목의 문제는 아니다. 군투루쿤 박사가 말한 바와 같이 대부분인 사람이 오른손잡이기 때문이라는 것은 맞는 것 같다. 그렇지만 상당수의 왼손잡이가 왜 키스할 때 고개가 오른쪽으로 기우는지에 대해서는 설득력 있는 설명은 하지 못하였다.

산모가 오른손잡이인가 왼손잡이인가와 관계없이 산모는 아기를 안을 때 심장과 가까운 쪽으로 가게 안는 경향이 있다. 또한 앞서 이야기한 바와 같이 90%에 가까운 오른손잡이 산모는 오른손을 보다 정교한 일을 하기 위하여 왼쪽 팔로 아기를 안고 젖을 먹인다. 따라서 아기는 산모의 젖을 먹을 때 왼쪽 젖꼭지를 빨게 되고 고개는 자연적으로 오른쪽으로 기울어지게 되는 것이다. 필자는 우리가 키스할 때 고개가 오른쪽으로 기우는 것은 어릴 때 젖을 먹던 습관과 관련 있다고 본다.

세 명 중에 두 명은 키스할 때 남자 여자 모두 고개를 오른쪽으로 기울인다.

우리는 어떻게 영리해졌나?

사람은 다른 동물에 비해 매우 영리하다. 이 영리함으로 신체적으로는 생태계의 아래 단계에 머물러야 하지만 최상위까지 올라가 지구를 지배하고 있는 것이다. 이 영리함은 뇌의 발달에서 비롯된 것으로 뇌가 어떻게 발달하게 되었는가를 잘 살펴볼 필요가 있다.

먼저 뇌가 어떻게 구성되어 있고 영리함은 어디서 오는지 알아보자. 뇌는 크게 앞뇌(forebrain), 중간뇌(midbrain), 뒤뇌(hindbrain)로 나눈다. 중간뇌와 뒤뇌는 주로 생명의 유지에 관여하는 것으로 이들이 발달한다고 영리해지지는 않는다. 앞뇌는 생각하고 판단하고 어떤 일을 기억하는 여러 가지 일을 수행하여 영리함과 밀접하게 관련되어 있다.

앞뇌는 우리가 통상적으로 이야기하는 대뇌(cerebrum)와 같은 것으로 보면 된다. 그러므로 대뇌의 크기는 영리함과 밀접히 관련되어 있다.

그러나 대뇌가 클수록 더 영리하다는 말은 성립하지 않는다.

대뇌에는 앞서 이야기한 영리함과 관련 있는 부분도 있지만, 몸의 감각을 담당하는 중추, 몸의 운동을 담당하는 중추, 시각중추, 청각중추 등 영리함과 직접적으로 관련 없는 기능을 하는 부위가 많이 있다. 예를 들어 매우 몸집이 큰 고래의 뇌는 사람의 뇌보다 몇 배나 크지만, 사람보다 영리하지 않다. 이는 고래의 큰 몸집의 감각, 운동 등을 위해서는 몸에 많은 감각기관과 운동기관(근육 등)이 있어야 하고 여기에 분포하는 신경도 많이 필요하다. 대뇌의 많은 부분에서 영리함과 관련 없는 기능을 하는 부분이 상대적으로 많이 차지하게 되는 것이다.

또한 비슷한 체격의 사람의 경우 뇌(대뇌)가 클수록 영리할 것이라고 생각할 수 있지만 이 또한 옳지 않는 이야기이다. 천재 과학자인 아인슈타인의 뇌(대뇌)가 보통 사람들의 뇌와 별반 차이가 없다. 그렇다면 대뇌의 크기가 차이가 없는데 영리함의 차이는 어디서 오는 것일까? 대뇌의 신경세포(neuron)들은 따로따로 존재하는 것이 아니라 신경세포들끼리 신경망(neural network)을 형성하고 있다. 영리함이란 대뇌에 있는 신경세포들의 신경망의 구조와 밀접히 관련되어 있다. 이러한 잘 발달된 신경망이 학습이라는 과정을 통하여 신경망이 효율적으로 가동되어 영리함이 생긴다.

영리해지기 위해서는 우선 기본적으로 뇌(대뇌)가 커져서 복잡한 신경망을 형성할 수 있을 정도의 신경세포가 필요하다. 최근에 지카 바이러스에 의한 소두증이 전 세계적으로 문제가 되고 있다. 주로 대뇌가 있는 머리의 위쪽 부분이 발달되지 않기 때문에 중간뇌와 뒤뇌는 영향을 많이 받지 않겠지만 대뇌는 많이 작아질 것이고 이에 따라 사람 특유의 영리함에서 멀어지게 될 것이다.

지카 바이러스에 감염된 산모는 소두증을 가진 아이를 낳을 수 있다. 소두증은 주로 이마 윗부분의 발달이 잘 되지 않아 주로 대뇌의 크기가 작아진다.

사람의 뇌가 커지게 된 이유를 생각해 보기 전에 우선 뇌를 둘러싸고 있는 구조부터 살펴보자. 뇌를 감싸고 있는 뼈를 머리뼈(두개골, skull)라고 한다. 머리뼈의 바닥에는 척수가 들어있는 척추뼈와 연결되는 큰구멍(대후두공, foramen magnum)이 있다. 개는 큰구멍이 머리뼈 바닥의 뒤쪽에 있으며, 침팬지는 머리뼈 바닥에 약간 앞쪽에 위치한다. 반면에 직립을 하는 사람은 큰구멍이 머리뼈 바닥의 한가운데에 위치한다. 이 해부학적 사실은 개나 침팬지와 같이 똑바로 선 자세를 취하지 않을 경우 뇌를 포함하는 머리의 무게가 무거우면 활동하기 불편함을 말해준다. 반면에 직립한 사람은 '떡장수 할멈'과 같이 큰 힘 들이지 않고 무거운 떡시루를 하루 종일 머리에 이고 다닐 수 있다. 마찬가지로 직립한 사람은 큰구멍이 머리뼈의 한 가운데에 있어 큰 뇌를 가진 머리를 잘 이고 다닐 수 있는 바탕이 마련되었다.

직립한 사람이 자유로워진 손을 사용함으로써 두뇌가 발달되었을 수는 있지만, 이 자체는 다음 세대로 이어지지는 않는다. 순서가 반대로 되어야 한다. 먼저 뇌가 커지는 두뇌가 발달되어 손으로 도구를 사용할 수 있게 되었다고 해야 할 것이다. 이때 두뇌의 발달은 후천적인 것이 아닌 타고난 즉 유전적으로 정해진 것으로 다음 세대에도 이어지는 것을 지칭한다. 진화에서 이러한 유전적 변이는 계획된 것이 아니고 무작위로 발생한다.

그렇다면 다른 동물들도 뇌가 커지는 두뇌 발달이 나타나야 하지 않겠는가? 당연히 다른 동물들도 뇌가 커지는 유전적 변이가 나타났을 것이다. 그러나 두 발로 똑바로 선 자세가 아닌 상태에서 머리가 무거워지면 생활이 불편할 뿐더러 수컷의 경우에는 암컷을 차지하는 싸움에서 유리할 것이 없었다. 발달된 두뇌보다는 힘이 센 동물이 살아남을 확률이 높았을 것이기 때문에 사람을 제외한 다른 동물들은 뇌가 커지는 방향의 진화는 이루어질 수가 없었다.

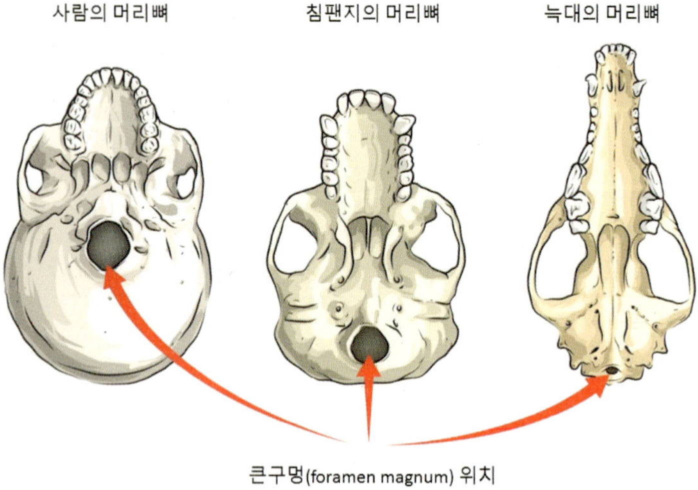

사람, 침팬지 및 늑대의 머리뼈를 아래쪽에서 위쪽으로 바라다 본 모습이다. 늑대의 머리뼈는 목과 연결되는 큰구멍이 뒤에 위치해 있다. 침팬지의 큰구멍은 늑대보다 약간 앞쪽에 위치해 있다. 반면에 사람은 큰구멍이 머리뼈의 가운데에 위치하고 있다.

여기서 한 가지 의문점이 생긴다. 사람의 진화 과정에서 왜 힘센 사람보다 영리한 사람 쪽으로 진화를 하였을까? 우리의 먼 조상이 숲에서 나와 초원에서 생활하면서 다른 동물과 비슷하게 육체적으로 적응하기 위해서는 호랑이나 사자처럼 힘이 강하든지, 힘은 약하지만 빠른 속력으로 달릴 수 있는 다리를 가져야 했다. 우리 조상들은 숲에서 나오는 순간 육체적으로는 이도 저도 아닌 절박한 상황이었을 것이다. 결국 육체적으로 약한 우리 조상 중에서 무리를 이루어 살면서 살벌한 위험을 뚫고 먹이를 구할 수 있는 영리함이라는 특별한 진화를 한 호모 사피엔스만이 살아남게 되었다.

심장은 心臟이 아니다?

온몸에 피를 보낸 펌프 같은 역할을 하는 심장은 가슴 속에 있다. 우리말로는 심장이라 부르는 것은 문제가 없다. 영어로 심장은 'heart'이다. 심장의 모양이 사랑을 뜻하는 하트모양이란 것이다. 심장의 한자는 心臟로 '심'자가 심장의 모양을 형상화 한 것이었는데 시간이 지나면서 주로 마음이라는 의미로 쓰이게 되었다. 心臟이라는 말을 글자 그대로 해석하면 '마음이 있는 장기'라는 뜻이다.

과학 특히 신경과학의 발전으로 마음이 있는 곳은 심장이 아니라 '뇌'임은 명확해졌다. 사람의 마음 특히 감정의 변화에 따라 심장의 박동수가 변한다. 응급 상황이면 교감신경이 활성화되어 심박수가 올라가고, 편안한 상황이면 부교감신경이 작용하여 심박수가 줄어든다. 과학이 발전하기 이전에는 마음의 상태에 따라 심장의 박동수가 달라지는 것을 느끼고 心臟이라고 이름을 붙인 것 같다.

동물에서는 심장을 '염통'으로 더 많이 사용한다. 특히 돼지, 소, 참새 등의 심장을 구운 요리를 '심장구이'라고 부르지 않고 '염통구이'라고 한다. 아마도 심장이라는말을 주로 사람에서만 사용하는 것은 다른 동물과 구분하려는 생각 즉 동물에는 마음이 없을 것이라는 사람 중심적인 사고방식에서 비롯되었을 것이다.

사람의 것은 심장이라고 부르고 동물의 것은 염통이라고 부르는 것은 사람과 동물을 차별화하는 것이다. 사람만큼 발달하지 않았지만 다른 동물들도 뇌에 마음이 있고 거의 유사한 해부학적 구조를 가진 심장을 가지고 있다. 사람의 심장을 心臟이라고 하는 것보다는 대부분의 동물에서 사용하는 염통이라고 부르는 것이 나을 것 같다. 아니면 '心'자가 심장의 모양을 형상화 한 것이라면 사람이나 동물 모두 심장이라고 부르는 것도 좋을 것이다.

수상학(手相學)을 믿는 어리석은 사람들

사람들 중에는 자신의 손금에 모양이 따라 운명이 달라진다고 믿고 있는 사람들이 생각보다 꽤 있다. 자신의 손금에는 얼마나 오래 살지 성격이 어떤지 재물 운이 있는지 없는지 알 수 있다고 믿는 것이다. 과연 손금에서 자신의 운세를 점칠 수 있는지 알아보기 전에 손금이 어떻게 생기는지부터 알아보자.

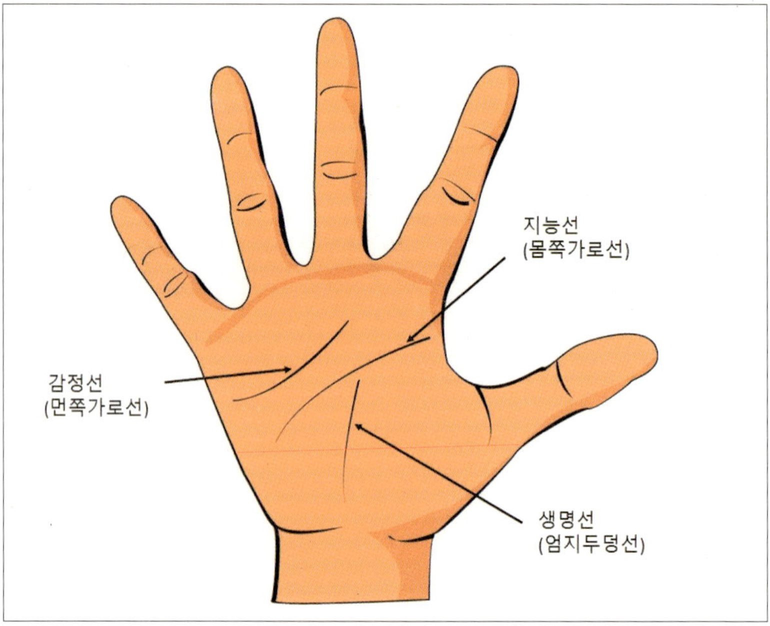

수상학에서 생명선은 해부학적으로 엄지두덩선(thenar crease)이고, 지능선은 몸쪽가로선(proximal transverse crease)이며, 감정선은 먼쪽가로선(distal transverse crease)이다.

사람은 태어날 때에 이미 손금이 있다. 이는 아이가 엄마 뱃속에서 주로 주먹을 쥐고 있었음을 의미한다. 주먹을 쥐고 있는 자세가 계속되면 접힌 손바닥 부분의 모서리 부분이 결국 손금이 된다. 손가락 마디도 엄마 배속에서 계속 구부리고 있어 손가락에도 마디마다 손금이 생긴다. 이를 학문적은 용어로는 '굽힘 주름(flexion crease)'이라 한다.

그러나 사람의 발은 구조상 발가락은 굽힐 수 있어도 발바닥은 굽힐 수 없게 되어 있다. 따라서 발가락에는 손가락처럼 주름(발금)이 있지만 발바닥에서는 거의 찾아볼 수 없다. 만일 엄마 배속에서 손을 쫙 펴고 있었으면 손금이 없는 채로 태어났을 것이다. 손바닥의 손금이 대부분의 사람과 다른 특별한 손금은 특정한 질병에서 종종 나타난다. 다운증후군(Down's syndrome)은 정신지체 등의 증상을 나타내는 유전병인데 특이한 손금을 가지고 있다.

보통의 사람에는 세 개의 이상의 긴 손금이 손바닥을 가로지르고 있다. 수상학(手相學)에서는 손가락 가까운 쪽의 손바닥을 손금은 감정선, 손목 쪽에서 시작하여 두 번째 손가락으로 향하여 나 있는 생명선, 그 중간에 손바닥을 가로지르고 있는 손금은 지능선이라고 부른다. 이 다운증후군에서는 손바닥을 가로지르는 손금이 하나 밖에 없다. 이를 '시미안 손금(simian crease)'이라 부르는데 이러한 손금이 왜 생겼을까? 보통의 정상적인 아기는 엄마 배 속에서 주먹을 쥐고 있지만, 다운증후근(Down's syndrome)의 아이는 엄마 배 속에서 주먹을 쥐지 못하고 손가락을 손바닥 쪽으로 약간 구부리는 정도 밖에 할 수 없었음을 말해 준다. 물론 정상인에게서도 시미안 손금과 유사한 손금이 나타나기도 한다. 이런 아이는 엄마 배 속에서 유전적인 이상이 없음에도 불구하고 손을 쥐지 않고 있었기 때문이라고 볼 수 있다.

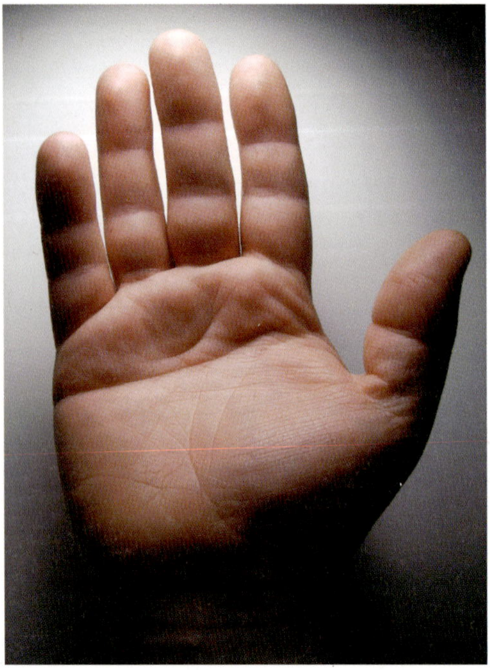

손바닥에 주로 하나의 손금(가로선)만 있는 시미안 손금(simian crease)으로 다운증후근(Down's syndrome)이라는 병을 가진 사람일 가능성이 높다.

본론으로 돌아가 보자. 손금이 생기는 이유는 단지 엄마 배 속에서 손을 계속 움켜쥐고 있어 생긴 것에 불과하고 손의 모양이나 손을 어떻게 쥐고 있냐에 따라 달라지는 것이다. 한 사람에서도 오른손과 왼손의 손금이 다른 경우가 있는데 이는 엄마 배 속에서 손은 쥐는 정도가 양손에서 달라 생길 수 있다. 결론적으로 손금에서 자신의 운세를 알 수 있다는 것은 비과학적인 것으로 이를 믿는 것은 어리석은 일이다.

호모 사피엔스와 네안데르탈인

최근에 한때 호모 사피엔스와 비슷한 시기에 살았던 네안데르탈인이 왜 멸종하게 되었는지에 대해 관심사로 떠오르고 있다. 많은 고고학자들이 유럽에서 발굴된 네안데르탈인의 뼈를 분석하여 여러 가지 네안데르탈인의 생활상과 멸종 이유에 대한 이론을 내놓았으며, 최근에는 유전학적 연구를 바탕으로 네안데르탈인의 역량이 제시되었다. 필자는 발굴된 네안데르탈인의 뼈 특히 머리뼈의 구조를 바탕으로 한 해부학적 관점에서 분석해 보고자 한다.

먼저 네안데르탈인에 대해 지금까지 알려진 사실이나 이론을 간단히 살펴보자. 네안데르탈인은 최소한 10만 년 전 이전에 호모 사피엔스와 같은 조상에서 나뉘어져 주로 유럽과 중앙아시아 일부 지역에 살았던 것으로 보인다. 이 네안데르탈인은 그 당시 호모 사피엔스 보다 몸집도 크고 힘이 셌을 것이며 특히 호모 사피엔스보다 큰 뇌를 가지고 있었음이 밝혀졌다.

네안데르탈인의 머리뼈는 현생 인류와 침팬지 중간 정도의 모습을 하고 있다. 네안데르탈인의 턱뼈가 뒤로 많이 후퇴하지 않아 사람처럼 소리를 내는 후두 특히 성대가 목의 아래쪽으로 내려가지 않았다. 이 때문에 다양한 발성을 할 수 없는 구조를 하여 호모 사피엔스보다 언어를 자유롭게 구사할 수 없었을 것이라는 이론이 정설이었다. 하지만 호모 사피엔스와 마찬가지로 네안데르탈인에서 언어를 구사하는 데 중요한 목뿔뼈(hyoid bone)가 발견되었고, 언어와 관련된 FOXP2 유전자도 호모 사피엔스와 별 차이 없이 발현된다는 사실에서 논란이 되고 있다.

네안데르탈인이 어떻게 사라지게 되었는가에 대한 문제는 많은 사람들 특히 유럽 사람들에게는 큰 관심사이다. 네안데르탈인이 호모 사피엔스와의 전쟁에서 패배하여 네안데르탈인을 학살되었다는 이론, 네안데르탈인이 의사소통이나 살아가는 데 필요한 무기 등이 호모 사피엔스보다 열등하여 경쟁에 점점 밀려났다는 이론, 단지 마지막 빙하기의 추워진 환경에 적응하지 못하고 멸종했다는 이론 등 여러 가설이 있다. 한 가지 분명한 것은 현재 유럽인들의 유전자 중 최소한 1-4% 정도는 네안데르탈인의 유전자가 포함되어 있다는 사실이다.

네안데르탈인의 화석 특히 머리뼈가 많이 발견되어 해부학적 측면에서 많은 연구가 진행되고 있다. 네안데르탈인의 머리뼈의 특징을 보면 뇌용적이 1,600cc로 1,350cc의 호모 사피엔스보다 크다. 눈을 담고 있는 눈확(안와, orbit)이 호모 사피엔스보다 크며, 이마 쪽의 경사가 호모 사피엔스보다 급하며 뒤통수가 많이 튀어나와 있다.

눈확이 크다는 것은 그 속에 안구가 크다는 것을 의미하며 큰 안구에 많이 존재하는 시각 세포들의 신호를 받은 시각중추(visual center)도 많은 부분이 필요하다. 이 시각중추는 뇌의 뒤통수엽(occipital lobe)에 존재한다. 네안데르탈인의 머리뼈에서 뒤통수가 튀어나온 것과 무관하지는 않을 것이다.

지능이나 인지능력을 추정해 볼 수 있는 EQ(encephalization quotient)라는 수치가 있다. 이는 몸의 크기에 대해 예측되는 뇌용적에 대한 실제 뇌용적의 비율을 말한다. 현재 사람의 EQ는 7을 상회하며, 우리 조상 시절의 호모 사피엔스는 5.3 정도라고 한다. 반면에 네안데르탈인의 EQ는 4.8 정도로 호모 사피엔스보다 작다. 이는 네안데르탈인의 뇌용적이 호모 사피엔스보다 크지만 몸집이 커서 EQ가 호모 사피엔스보다 작다. 일반적인 몸집이 매우 큰 고래는 뇌용적이 사람보다 훨씬 크지만 EQ는 2를 넘지 않는다.

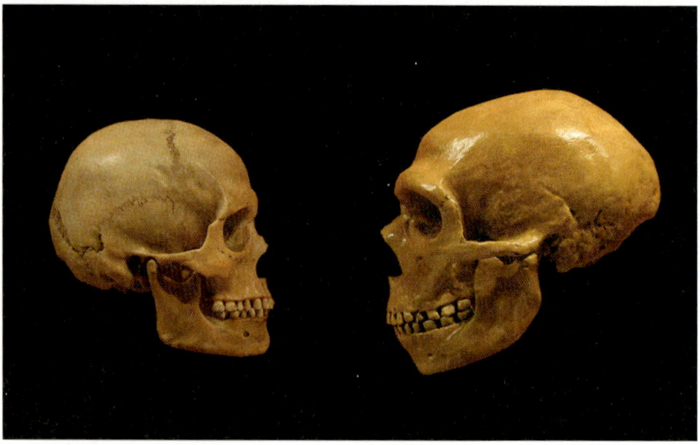

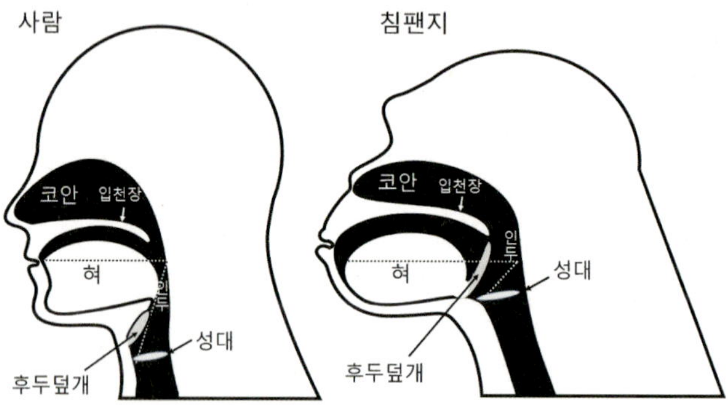

(위쪽) 호모 사피엔스(왼편)와 네안데르탈인(오른편)의 머리뼈의 옆모습임. (아래쪽) 사람과 침팬지의 머리의 시상 단면도 모양. 위쪽에 있는 머리뼈를 보아 네안데르탈인은 사람과 침팬지 중간 정도의 해부학적 구조를 가졌을 것으로 예상된다. 즉 성대가 사람보다 아래쪽에 위치해 있고 후두덮개(epiglottis)도 사람보다 입천장 가까이 있어 언어 구사가 사람보다 자유롭지 않는 해부학적 구조를 가지고 있었을 것이다.

그러나 최근의 연구 결과를 보면 EQ가 절대적으로 지능에 영향을 미치는 것은 아니며, 대뇌겉질(cerebral cortex)의 크기와 대뇌겉질의 주름(gyrus)이 사람의 지능과 연관되어 있음이 밝혀졌다. 네안데르탈인의 머리뼈는 남아 있지만, 뇌는 남아 있을 수 없어 대뇌겉질의 주름이 어떠했는지는 알 길이 없다. 그러나 머리뼈의 모양을 옆에서 보았을 때 알 수 있듯이, 네안데르탈인의 눈썹활(superciliary arch)이 침팬지처럼 튀어나오고 이마뼈가 수직보다는 뒤쪽으로 기울어져 있다. 해부학적으로 이것이 의미하는 바는 뇌의 앞엽(frontal lobe) 특히 이 중 이마앞영역(prefrontal area)이 작을 가능성이 있음을 보여준다.

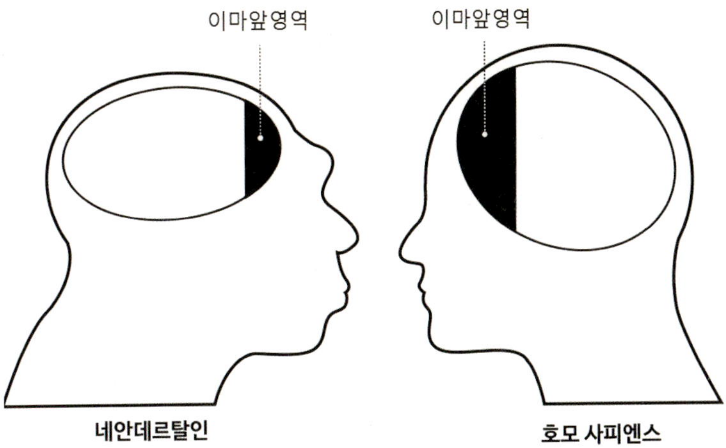

호모 사피엔스와 네안데르탈인의 머리뼈 모양으로 미루어 보아 네안데르탈인의 대뇌 앞엽 중 이마앞영역(prefrontal area)이 호모 사피엔스보다 작을 것으로 보인다.

이마앞영역은 여러 가지 감각정보와 과거의 경험에 의해 저장된 정보를 받으며, 과거의 경함을 바탕으로 현재 상황에 대한 정서적 반응을 결정하는 회로를 구성한다. 또한 이 영역은 판단과 예지 등의 고차원적인 정신기능을 바탕으로 행동과 운동 조절을 감시하는 기능을 한다. 따라서 이마앞영역의 발달 정도는 호모 사피엔스나 네안데르탈인에게 매우 중요한 것이다. 실제로 네안데르탈인이 이마앞영역이 호모 사피엔스보다 작았다면 성대가 있는 후두가 사람보다 높이 있어 언어 구사도 호모 사피엔스보다 못했을 것이라는 것을 감안하면 호모 사피엔스에 밀려 네안데르탈인이 멸종했다는 것을 충분히 이해할 수 있다.

냄새를 잘 못 맡는 호모 사피엔스

후각은 생물에 있어서 가장 원초적인 감각이다. 대부분의 동물이나 그 밖의 생명들은 후각이 발달되어 있다. 그러나 사람은 후각이 다른 동물에 비해 퇴화되었다. 왜 이런 일이 벌어졌을까? 일반적으로 사람은 직립을 하게 됨으로써 시각이 중요하게 되고 이에 따라 시각이 발달하여 상대적으로 후각이 퇴화하는 쪽으로 진화하였다고 알려져 있다. 과연 그런지 살펴보자.

감각의 종류로는 시각, 청각, 후각, 미각, 촉각 등을 들 수 있다. 대체로 포유류는 미각을 제외한 시각, 청각, 후각, 촉각 등이 골고루 발달되어 있다. 동물들이 사람보다 청각과 후각은 비교되지 않을 정도로 발달되어 있다. 동물들은 시각은 물론 청각과 후각을 동원하여 먹잇감을 잘 찾아낸다.

그렇다면 사람은 왜 시각은 발달되었지만 후각은 퇴화되는 쪽으로 진화를 했을까? 후각은 다른 동물에 비해 그 예민도가 매우 떨어지는 쪽으로 진화를 하였다. 후각의 발달은 동물이 살아가는 데 도움이 될 수 있는데도 말이다. 후각은 가장 원시적인 감각 중의 하나로 동물의 경우 후각을 담당하는 뇌부분(후각망울, olfactory bulb)이 많은 부분을 차지하고 있다. 개의 경우 코안에 후각세포가 2억 개 이상 존재하지만 사람은 500만 개 정도밖에 되지 않는다.

엑셀 박사와 벅 박사가 발표한 논문에 의하면 사람에게는 천 가지의 후각수용체가 있어 공기 중에 떠다니는 화학물질이 코안으로 들어와 후각수용체에 붙게 된다. 후각수용체가 활성화되어 후각망울에 신호를 보내고 후각수용체에 온 신호는 다시 대뇌로 가서 어떤 냄새인지 구분을 하게 된다. 사람의 후각 유전자 한 개가 2-3가지의 냄새를 맡을 수 있어 유전자의 수보다 더 많은 다양한 냄새를 인식할 수 있다.

그러나 사람의 경우 천 개의 후각 유전자 중 실제로 기능을 하는 것은 400여 개에 못 미치는 정도로 퇴화되었다. 이 특별한 현상에 대해 지금까지 알려진 바로는 사람이 직립하면서 코가 땅바닥에서 멀어져 시각이 발달하면서 많은 정보를 시각에 의존하게 되었고, 상대적으로 후각의 기능이 퇴화한 것으로 추정하고 있다. 그러나 생명체에게 있어 냄새를 구별한다는 것은 각종 화학물질을 구별할 수 있다는 것으로 이는 생존에 매우 중요한 원초적인 감각이다. 따라서 시각이 발달한다고 굳이 후각이 퇴화되었다고 보기는 힘들다.

개의 후각망울은 뇌에서 눈에 뜨일 정도로 큰 구조물(0.18cm3)이지만 사람의 경우에는 후각망울이 0.06cm3정도 크기에 불과하다. 더욱이 전체 뇌에 대한 후각망울의 비율이 개는 0.31%인데 반하여 사람은 0.01%밖에 되지 않는다. 사람은 진화를 하면서 생각을 하고 판단을 하는 대뇌(cerebrum)의 크기가 커지면서 대뇌 아래쪽에 위치한 후각망울은 대뇌와 머리뼈 사이에 위치하게 되어 후각망울은 설 자리를 잃고 벌집뼈(ethmoid bone)의 체판(cribriform plate)이라는 오목하게 들어간 부위에 작은 크기로 위치하고 있다. 다행히 시각중추는 뒤통수 쪽의 대뇌에 위치하여 대뇌가 커지면서 같이 발달할 수 있었다. 사람은 직립을 하고 색을 구별할 수 있는 시각의 발달이 중요하였기 때문에 후각의 퇴화는 살아가는 데 큰 문제가 되지 않았다.

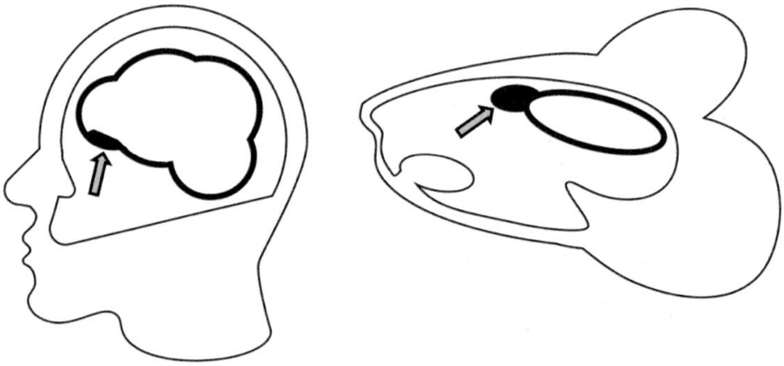

사람과 쥐 뇌의 시상단면도의 그림이다. 사람 뇌(왼쪽)의 후각망울(화살표)은 대뇌의 아래에 있고, 쥐 뇌(오른쪽)의 후각망울(화살표)은 대뇌의 앞쪽에 위치하고 있으며 사람보다 상대적으로 매우 크다.

그러나 다른 동물에게는 있는 보습코기관과 이에 따른 후각시스템은 사라졌다. 즉 여자가 배란을 하여 후각 신호를 보내도 남자는 알 수 없게 된 것이다. 사람에게 있어 후각시스템의 퇴화 특히 보습코기관과 관련된 후각시스템의 퇴화는 짝짓기와 관련된 행동은 물론 사회제도(일부일처제)까지 영향을 미치게 되었다.

대부분의 동물들은 배란기가 되면 암컷이 생식기에서 냄새가 나는 물질을 분비하여 수컷이 이를 알아차리게 하지만, 침팬지는 배란기가 되면 엉덩이가 빨갛게 부풀어 오르는 시각 신호를 보낸다. 즉 침팬지나 대부분의 영장류도 코에 보습코기관이 없다는 사실에서 미루어 보아 호모 사피엔스 이전의 시절에 후각이 퇴화되기 시작했음을 보여준다. 이는 뇌 특히 앞뇌가 커지면서 앞뇌 아래에 위치한 후각망울은 상대적으로 퇴화되었음을 보여준다. 영장류에 속하는 동물은 한정된 머리뼈 공간에서 영리함으로 대변되는 앞뇌가 커진 개체가 후각망울이 커져 냄새를 잘 맡을 수 있는 개체보다 적자생존에 유리하였기 때문에 후각망울보다 앞뇌가 커지는 쪽을 진화를 하였다.

대부분의 영장류는 후각기관의 퇴화로 보습코기관이 흔적기관으로 변해 제 기능을 하지 못하자 엉덩이의 시각적 변화를 통해 배란을 알리도록 진화하였다. 특이한 점은 호모 사피엔스의 경우에는 엉덩이의 시각적 변화를 통한 배란기 신호를 보내지 않을 뿐만 아니라 다른 배란기 신호도 보내지 않는 쪽으로 진화를 하였다(이와 관련해서는 2부 '사람에게서 배란기 신호는 왜 없어졌나?'에서 기술하였음).

요약하자면 영장류와 호모 사피엔스를 포함하는 유인원에게 있어서 후각보다 시각이 더 중요하였겠지만, 후각의 퇴화는 시각의 발달과 관련성이 적다. 호모 사피엔스의 후각시스템은 대뇌 특히 앞엽의 발달하는 방향으로 진화를 하였기 때문에 한정된 머리뼈 안 공간에서 상대적으로 퇴화될 수밖에 없었다.

심한 출산의 고통

우리 조상들은 나무에서 내려와 뇌가 커지고 언어를 사용할 수 있게 되고 자유로워진 손발을 사용하여 다른 생물보다 생태계의 최정상에 위치하게 되었다. 그러나 이렇게 호모 사피엔스에게 환희의 순간만이 있는 것은 아니다. 다른 동물에서는 잘 찾아볼 수 없는 어려움이 발생하게 되었는데 그 대표적인 것이 출산 시 심한 고통을 받는다는 것이다.

여러 마리의 새끼를 낳는 돼지나 개 등의 경우에도 새끼를 날 때 비교적 조용하게 심한 통증 없이 여러 마리의 새끼를 낳는다. 사람과 가장 가까운 침팬지를 보자. 침팬지도 사람처럼 보통 한 마리의 새끼를 낳는데 사람과는 달리 조용히 그것도 혼자서 새끼를 낳는다. 사람들이 출산이 어려워진 이유를 골반뼈의 안쪽 즉 아기가 있는 공간이 작아졌기 때문이라고 주장하는 사람이 있는데 이는 아주 부분적인 설명일 뿐이다.

침팬지의 골반안 공간이 사람보다 약간 크다고 볼 수 있다. 이는 사람이 완전히 직립에 적합한 골격을 이루면서 골반뼈의 모양이 약간 바뀌어져 나타난 것이지만 큰 차이가 없다.

여기서 중요한 사실은 골반안의 크기보다 아이(새끼)의 '머리' 크기가 현저히 차이가 난다는 것이다. 사람이 직립하게 되면서 머리 즉 뇌가 많이 커지는 방향으로 진화를 하게 됨에 따라 엄마의 배 속에서도 침팬지보다 머리의 크기가 클 수밖에 없었다. 더욱이 생물학자들이 연구한 결과에 의하면 사람들의 키, 몸무게 등 여러 가지 인자를 고려하여 계산해 본 결과 사람의 적정 임신 기간은 21개월이라고 한다. 만일 사람의 임신 기간이 10개월이 아니고 21개월이었더라면 어떻게 되었을까? 21개월 된 아기의 머리는 10개월 된 아기의 머리보다 훨씬 커 대부분의 아기는 골반 안에서 나오지 못하고 죽었을 것이다. 사람은 멸종되었을 것이라는 것이다. 결국 사람은 임신 기간이 10개월로 줄어드는 쪽으로 진화를 할 수 밖에 없었다. 그럼에도 불구하고 출산이 침팬지에 비해 쉽지 않음을 알 수 있다.

출산 시 침팬지의 골반

출산 시 사람의 골반

(위쪽) 대부분의 산모는 출산 시 심한 고통을 느낀다. (아래쪽) 왼편은 출산할 때가 임박한 침팬지 골반안의 단면도로 새끼 머리(노란색 부분)가 작아 공간에 여유가 있다. 오른쪽은 출산할 때가 임박한 사람 골반안의 단면도로 아기 머리(노란색 부분)가 커서 골반안에 꽉 들어차 있다.

아기가 골반 안을 탈출하여 엄마 몸 밖으로 나오려 할 때에도 또 다른 문제가 벌어진다. 아기가 빠져나올 질(vagina)은 남자의 성기가 들락날락할 정도의 공간으로 되어 있다. 그런데 아기의 머리는 남자의 큰 성기 굵기보다 훨씬 크다 보니 출산 시 그 고통은 이루 말할 나위가 없는 것이다. 다른 동물처럼 혼자는 아기를 거의 출산할 수 없는 지경에 이르러 옆에서 다른 사람이 도와주어야 한다. 최근에 산부인과에서는 출산 시에 산도를 조금이라도 넓게 하기 위해서 소음순 일부를 절개하는 외음부절개(episiotomy)라는 수술을 하는 경우가 많은데 이러한 의학적인 조취를 취해도 아기를 낳는 동안 산모는 심한 고통을 느낀다.

앞서 살펴본 바와 같이 사람의 배란기 신호가 없어진 이유가 여성이 출산의 고통을 알게 되어 배란 시 섹스를 하지 않도록 즉 여성이 스스로를 보호하기 위한 속임수로 진화했다는 이론이 나올 정도이다(우리 인류가 지구상에서 번성한 것을 보면 위의 이론이 설득력이 없다). 출산의 고통을 피하려고 너무 일찍(임신 기간이 7-8개월) 출산을 하면 미숙아가 태어나 잘 자랄 수 없다. 현재 사람의 해부생리학적인 모든 상황을 고려하면 임신기간이 9.5개월 정도(정확히 말하면 수정 후 38주 후)에서 출산하는 것이 최선의 선택이다. 이때에는 이미 심한 출산의 고통을 느낄 수밖에 없는 정도로 아기의 머리가 커져있는 시기이다. 출산의 고통은 호모 사피엔스의 숙명인 것이다.

호모 사피엔스에게 특이하게 나타나는 병

호모 사피엔스는 직립을 함으로써 손을 자유롭게 쓸 수 있게 되었고 뇌 용량이 커져 지구상에서 번성하는 동물이 되었다. 그러나 직립을 하여 모든 것이 사람에게 좋은 것은 아니었다. 직립의 대가를 지불해야 하게 된 것이다. 직립의 대가는 주로 다른 동물에게는 생기지 않는 질병이다. 또한 살아남기 위해 에너지를 몸에 저장하는 시스템 때문에 특이한 질병이 생겼고, 뇌의 발달과 더불어 심각한 질병들이 나타나게 되었다.

1. 치질

보건복지부 조사에 의하면 한국인의 경우 백내장에 이어 두 번째로 많은 수술을 받는 질병으로 확인되었다. 한 조사에 의하면 2001년부터 2007년까지 한국인이 수술을 가장 많이 하는 질병 순위는 1위가 치질이고 다음으로 백내장 수술, 제왕절개술, 그리고 디스크 수술이 그 뒤를 이루고 있었다. 치질은 디스크보다는 치명적이지 않지만 사람들을 힘들게 하는 골치 아픈 병이다. 치질에 대해 이해하기 위해 항문의 구조부터 살펴보자.

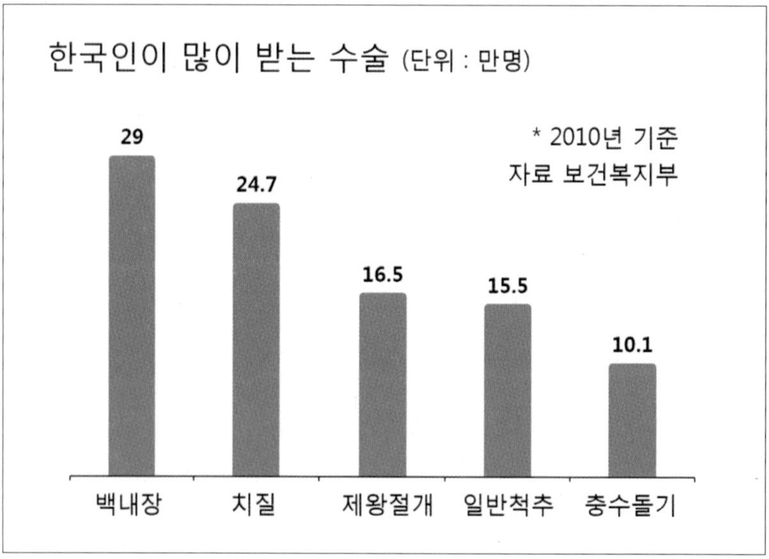

2010년 보건복지부 자료로서 한국인의 경우 치질이 백내장에 두 번째로 많이 수술 받는 것으로 나타났다.

항문은 음식물을 다 소화시키고 대변(똥)을 만들어 배출하는 곳이다. 항문은 똥을 항문위의 직장(rectum)에 담아두기 위해 항문조임근이라는 근육이 발달되어 있으며 어느 정도 똥이 차면 항문조임근을 이완시키고 주변 근육과 배의 압력으로 대변을 한꺼번에 많이 보게 되는 것이다.

항문 주변에는 근육도 발달되어 있지만 혈관도 풍부하다. 항문 주변의 혈관은 사람의 직립생활로 인해 배 속의 내장이 항문을 누르고 배의 압력이 항문 주변을 압박하여 항문에 있는 혈관을 막아 피가 고이고 이에 따라 주변 조직이 커져 항문 밖으로 삐져나와 '치질'이 생긴다. 치질의 종류가 다양하여 항문 안쪽에 생기는 치질과 밖으로 삐져나오는 치질이 있고 심해지면 이 부분에서 출혈이 발생하여 수술을 해야만 하는 사태가 벌어지는 것이다.

치질이 생기는 이유는 음식물 섭취나 운동 등 여러 가지 원인이 있지만 근본적으로는 사람이 두발로 서서 다니기 때문이다. 다른 동물들은 주로 네 발로 기어 다니기 때문에 배속에 있는 내장들이 항문쪽으로 압력을 가하지 않을 뿐만 아니라, 의자 등에 앉아있는 경우도 거의 없어 항문 주위에 있는 혈관 특히 곧창자정맥얼기(rectal venous plexus)가 눌리는 상황은 거의 발생하지 않는다.

반면에 사람은 몸의 축이 수직으로 있는 경우가 많아 내장이 항문 주위로 압력을 가하게 되고, 의자 등에 앉아 있는 경우도 많아 항문주의 혈관 특히 곧창자정맥얼기의 혈액 순환 장애로 이 정맥얼기를 포함하는 주변 조직이 항문 밖이나 속으로 튀어나오고 종종 속에 있는 정맥얼기가 터져 피가 나게 되는 것이다.

2. 추간판탈출증(디스크)

많은 사람들이 허리가 아프거나 목에 통증을 느낀다. 이것이 심해지면 나리나 팔까지 심하게 아픈 디스크가 생겨 병원에 가서 수술까지 해야 하는 경우가 종종 발생한다. 네 발 달린 동물들에게 물어볼 수는 없지만 하는 행동을 보면 사람처럼 디스크로 고생하는 동물은 없는 것 같다.

사람은 직립함으로써 손을 자유롭게 사용할 수 있게 되는 등의 이점을 가지게 되었다. 그러나 직립함으로써 등에 있는 척추의 하중이 직립을 하지 않는 동물과는 달리 발생하여 척추 사이에 있는 추간판이 척추뼈 사이로 빠져나와 주변의 척수신경을 눌러 심각한 질병이 발생하는 고통이 뒤따르게 되었다. 이를 보통 '디스크'라고 부르는데 의학적인 용어로는 '추간판탈출증'이라고 한다.

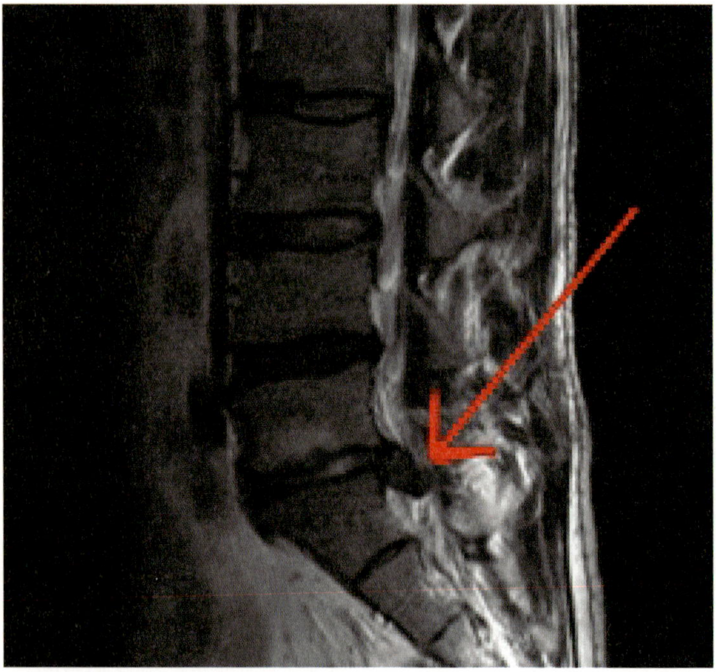

척추뼈 사이에 있는 추간판(화살표)이 하중을 받아 눌리면 척추뼈 뒤로 빠져나와 척수신경을 눌러 추간판탈출증이 생긴다.

이 추간판탈출증은 사람이 직립을 하지 않았다면 거의 생기지 않았을 질병으로 직립함으로써 얻는 이득도 있지만 반대 급부로 문제가 생기는 호모 사피엔스의 비애인 것이다. 현대는 의학이 발전하여 빠져나온 추간판을 수술적으로 제거하여 치료를 할 수 있으나, 모든 사람이 해부학적 구조상 디스크에 걸릴 수 있는 가능성이 있다는 사실은 알아야 한다.

한 가지 추간판탈출증과 관련하여 알아두면 유익한 상식이 있다. 사람들이 사진에서와 같이 허리가 많이 아프다고 하며 허리디스크인지 모르겠다고 걱정하는 사람은 십중팔구 디스크가 아닐 가능성이 있다. 이를 잘 이해하려면 먼저 추간판탈출증과 관련된 해부학적 구조를 알아야 한다.

허리 척추뼈 사이에 있는 추간판이 눌려서 빼져 나오게 되면 척수신경을 누르게 된다. 이때 허리 척추뼈를 지나는 척수신경은 주로 다리와 발로 가는 신경이다. 따라서 허리에 디스크가 생기면 허리보다는 다리나 발이 아프거나 잘 움직일 수 없다. 물론 허리 척추뼈 사이에서 나오는 신경 일부가 허리에도 분포하여 허리도 아플 수 있지만 주로 다리나 발이 아프다. 허리만 아프다고 하는 사람은 허리 디스크일 확률이 매우 적다. 또한 목 디스크도 유사하게 적용된다. 목뼈 사이의 척수신경이 눌리게 되면 이 목뼈 사이 척수신경은 주로 팔이나 손에 분포하기 때문에 팔이나 손은 멀쩡하고 목만 아프다고 하는 사람은 가짜 목 디스크 환자일 가능성이 매우 높다.

사람이 추간판탈출증으로부터 해방되려면 어떻게 해야 할까? 다른 동물처럼 네 발로 다니면 근본적으로 해결될 수 있겠지만 사람이 네 발로 다니는 동물이 될 수는 없다. 추간판탈출증이 생기지 않게 하려면 허리나 목에 무리한 힘이 가해지지 않도록 조심하며 꾸준한 운동으로 허리와 목을 움직이고 지탱하는 근육을 강화시켜 강한 허리와 목을 만들어야 한다.

3. 하지정맥류

종아리 뒤쪽에 구불구불한 시퍼런 정맥이 튀어나와 보이는 병을 하지정맥류라 한다. 근본적으로 우리가 직립을 하게 되면서 피가 중력의 영향으로 아래로 쏠리게 되어 사람은 다리 쪽의 피가 위로 잘 올라가는 못하는 해부학적 자세를 취하고 있다.

사람의 다리 뒤쪽에는 위에서 내려온 동맥피가 발로부터 정맥피로 바뀌어 올라가는 비교적 굵은 정맥이 있다. 이 정맥에는 중간 중간에 피가 아래쪽으로(거꾸로) 흐르지 못하게 하는 밸브가 있다. 사람들이 걷거나 뛰어다닐 때에는 다리 주변의 근육이 수축하여 피를 위쪽(심장쪽)으로 보낸다. 근육이 이완되어도 정맥 내에 있는 밸브가 닫혀 피가 거꾸로 흐르지 않게 한다.

우리 현대인들은 서서 있는 시간은 많아진 데 비해 걷거나 뛰어다니는 운동이 부족하게 되어 다리의 근육이 수축하여 피를 위로 올릴 수 있는 행동이 감소하고 피가 거꾸로 흐르지 못하게 하는 정맥 속의 밸브도 잘 작동을 하지 못하게 되어 하지정맥류가 생기게 된다.

우리가 다시 네 발로 기어 다닌다면 하지정맥류가 잘 생기지 않을 것이지만, 사람의 몸은 이미 두 발로 서서 다니는 것이 편한 구조로 변해서 하지정맥류에서 자유로울 수 없게 되었다. 하지정맥류가 생기지 않게 하려면 적당한 운동으로 다리 근육과 혈관을 단련하고, 휴식(선 자세가 아닌)이 필요하다.

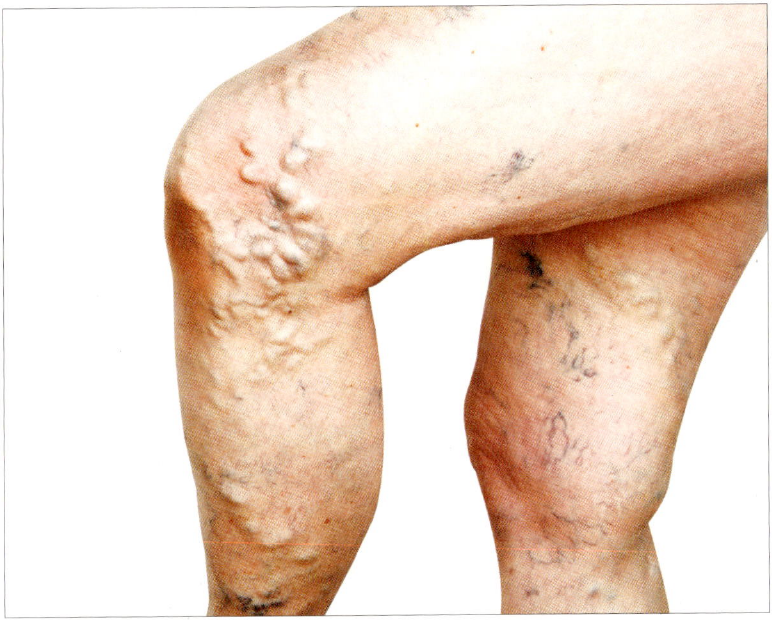

하지정맥류가 생긴 환자의 다리 모습이다. 정상인과는 달리 정맥이 울퉁불퉁 튀어나와 있다.

4. 충수돌기염

사람의 소화기계는 다른 동물과 대동소이하다. 입과 식도를 지나, 위, 소장, 대장, 직장 항문 순으로 음식물이 소화되어 대변으로 배출된다. 다른 동물 특히 초식동물과 다른 점은 충수돌기가 있다는 점이다. 이 충수돌기에 염증에 생겨 충수돌기염, 보통 일반적인 말로 맹장염이 생겨 응급수술을 하는 일이 종종 발생한다. 이 충수돌기가 무엇인지부터 살펴보자.

충수돌기는 벌레모양처럼 생긴 퇴화된 소화관으로 맹장 끝에 달려있다. 그래서 일반 사람들은 맹장이라고 하지만 정확한 용어는 충수돌기이며, 최근에 의학용어가 한글화되면서 맹장은 막창자로, 충수돌기는 우리말인 꼬리로 하여 '막창자꼬리'라고도 한다. 이 충수돌기를 포함하는 맹장은 초식동물에서 매우 길어 소화에서 중요한 역할을 하지만, 잡식성인 사람은 이 충수돌기가 퇴화되었다. 퇴화는 되었지만 완전히 없어지지 않고 남아있고 특히 충수돌기에는 염증이 잘 생기는 림프조직을 가지고 있어 충수돌기염의 위험성이 도사리고 있는 것이다.

지금까지 살펴본 바와 같이 충수돌기는 진화론적 과거로부터 단지 쓸모없는 기관으로 여겨지고 염증이 생겨 수술을 하게 되고 잘못하면 죽을 수 있는 일이 벌어져, 배안의 다른 수술을 할 때 염증이 없는데도 일부러 충수돌기를 떼어내는 경우도 있는 있다.

그러나 최근에 과학자들은 충수돌기가 소화를 도와주는 정상 세균을 재생성하는 데 도움을 준다는 사실을 밝혀내었다. 저개발 국가의 사람들은 충수돌기염의 발병률이 낮으며, 선진국 사람들에서는 그 발병률이 높은 것은 과도한 위생(excessive hygiene)에 의한 면역계 반응의 결과라는 것이다. 즉 충수돌기를 포함하는 맹장은 소용없는 장기가 아니라는 것이다. 배 안에 다른 수술을 할 때 일부러 충수돌기를 떼어내는 것은 재고해 볼 일이다.

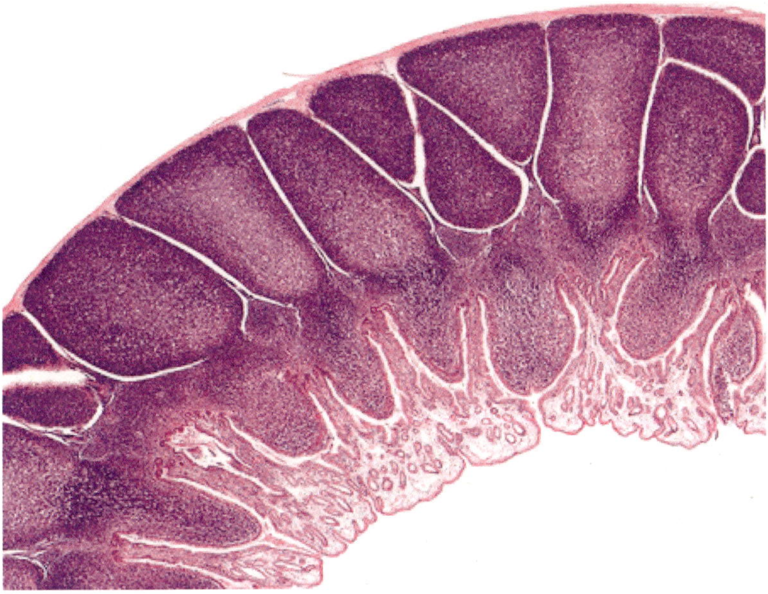

토끼 충수돌기의 조직학적 단면도 사진임. 토끼의 충수돌기는 사람보다 크며 소화를 돕기도 하고, 몸의 방어에 관여하는 면역세포들이 많이 존재한다(위쪽의 검게 보이는 부분). 사람의 충수돌기에도 많은 면역세포들이 무리를 이루고 있다.

충수돌기는 사람의 식생활이 잡식성으로 변함에 따라 퇴화되었다. 그러나 완전히 없어지지 않은 이유는 진화의 연속적인 과정에서 진화적 제약(evolutionary constraint)을 보여주는 것일 수 있고, 충수돌기가 세균을 퇴치하는 데 도움을 주는 기관이기 때문에 남아 있을 가능성도 있다. 최근의 과학발전 속도를 감안하면 사람에게서 충수돌기가 왜 남아있는지 언젠가는 확실히 밝혀질 날이 올 것이다.

진화적 제약(evolutionary constraint)

진화적 또는 생물학적 제약은 어떤 개체가 진화적으로 변화하려는 것을 저항하는 것을 말한다. 즉 한 방향으로 진화된 개체가 환경에 적응은 가능하지만 새로운 형질의 개체의 출현을 제한하는 요소 또는 성향이라고 할 수 있다.

대표적인 예로서 사람을 비롯한 동물의 눈을 들 수 있다. 동물의 눈의 망막에는 광수용체 세포들이 있는 층이 있다. 이 층은 빛이 들어오는 쪽(수정체가 있는 방향)이 아니라 그 반대쪽에 있다(반면에 문어는 망막의 광수용체 층이 수정체 방향에 위치하고 있어 동물의 눈보다 효율적이다). 이러한 해부학적 구조로 빛을 감지하지 못하는 맹점(blind spot)이 존재하게 되었으며, 망막에서 상이 맺히는 황반(macula)의 가운데 부분인 중심오목(fovea centralis)이 빛을 예민하게 감지하게 위하여 층이 얇아졌으며, 황반 주변에는 혈관이 없어 잘 볼 수 있도록 적응 진화를 하였다. 그러나 문어처럼 망막의 층이 빛이 들어오는 쪽으로의 진화는 가능하지 않다. 즉 새로운 형질의 개체의 출현이 제한되어 있다.

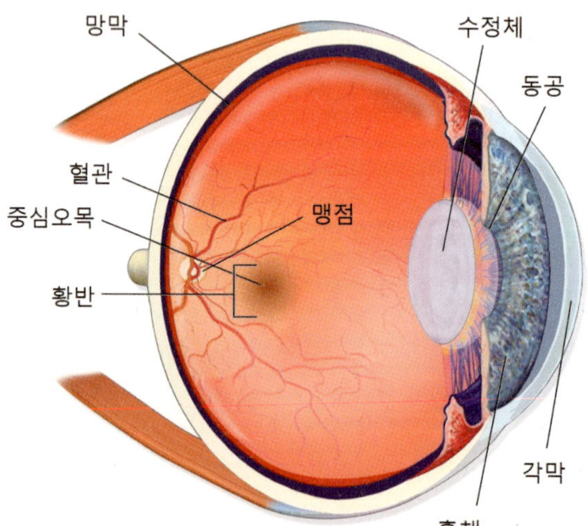

5. 고혈압, 당뇨병, 비만

다른 동물에게도 특수한 환경으로 인해 고혈압 당뇨병 및 비만 등의 성인병 질환을 앓는 경우도 있겠지만 대부분의 동물들은 이로부터 자유롭다. 왜 사람만이 유독 이러한 성인병에 잘 걸리는 것일까?

호모 사피엔스가 아프리카 초원에서 살아남기 위해 돌을 깨서 만든 무기나 연장을 사용한 구석기 시대는 지금으로부터 약 70만 년 전까지 거슬러 올라가야 한다. 이때에는 주로 채집과 수렵 생활을 하였다. 채집과 수렵으로는 풍족한 에너지를 얻기 쉽지 않았다. 다른 동물들도 비슷하였겠지만 호모 사피엔스는 척박한 환경에서 운 좋게 먹을거리를 많이 확보하여 배불리 먹으면 남는 에너지를 잘 못 먹을 때를 대비하여 몸에 저장해 놓았다. 특히 여자들은 본인뿐만 아니라 양육을 해야 하기 때문에 남자보다 더 에너지를 축적할 필요가 있었다. 그래서 여자는 몸 전체 특히 젖가슴과 엉덩이의 피부에 피하지방을 많이 축적하도록 진화하였다.

기원전 8,000여 년 전에 신석기 시대가 되면서 농경이 시작되었다. 농사를 지을 수 있게 된 호모 사피엔스는 에너지원을 손쉽게 확보할 수 있어 인류가 번성할 수 있는 계기가 되었다. 최근에는 고열량의 여러 가지 인스턴트 식품이 범람하여 많은 현대인들은 먹고 싶은 것을 마음껏 먹을 수 있게 되었다.

그러나 호모 사피엔스의 몸은 아직도 구석기 시대에 머무르고 있다. 즉 먹을거리가 몸에 들어오면 훗날을 대비하기 위해 에너지를 주로 지방의 형태로 몸에 축적하는 것이다. 이러한 상황이 거듭되면서 사람은 결국 비만한 사람이 되고, 이에 대한 부작용으로 고혈압과 당뇨병 등의 성인병이 발생하는 것이다.

현대인의 몸은 아직도 구석기 시대의 호모 사피엔스에 머무르고 있어, 고열량의 식사를 계속하여 남는 에너지를 몸에 지방으로 축적해 놓아 비만해진다.

당뇨병의 진화 양상은 비만의 진화보다 복잡하다. 당뇨병은 혈액 속에 당(glucose)이 지나치게 높아지는 병이다. 이때 결정적인 역할을 하는 것은 인슐린이라는 호르몬이다. 인슐린은 이자에서 분비되며 혈액 속의 당을 일정하게 유지시키는 역할을 한다. 혈당이 비정상적으로 오랫동안 높아져 있으면 혈관, 신경, 심장 등 중요한 장기를 망가트리는 심각한 질병이 된다. 당뇨병은 크게 인슐린 분비가 안 되는 제1형 당뇨병과 인슐린이 분비되기는 하나 제 역할을 하지 못하는 제2형 당뇨병이 있다.

제1형 당뇨병도 진화적 의미를 부여하기도 한다. 호모 사피엔스

중 유럽인은 약 14,000년 전에 극심한 추위에 노출되어 이에 대한 몸의 적응이 필요하였다. 혈액 속의 당은 피가 어는 온도를 낮추어 주어 제1형 당뇨병이 생기게 되었다는 것이다. 제1형 당뇨병은 제2형 당뇨병보다 발병률이 매우 낮아 관심의 대상은 제2형 당뇨병이다.

제2형 당뇨병의 진화적 의미는 두 가지 정도 제시되고 있다. 먼저 앞서 비만과 관련된 내용에 언급되었듯이 수렵과 채집을 하였던 호모 사피엔스는 척박한 환경에서 먹을거리가 부족하였다. 이를 극복하기 위하여 당이 근육이나 간 등의 세포에 들어가지 않게 제한하여 몸에 지방을 축적시키는 '인슐린 저항성(insulin resistance)'을 갖게 되었다는 것이다. 최근에 먹을거리가 풍족해지면서 혈액 속의 당이 증가하게 되었지만 인슐린 저항성으로 인해 몸의 세포에 들어가지 못하고 혈액 속에 당이 많이 존재하게 되어 제2형 당뇨병이 생기게 된다. 이 학설은 아직 많은 사람들이 지지하고 있다.

다른 학설은 제2형 당뇨병이 먹을거리가 풍부한 선진국에서 많이 발생하지만 상대적으로 경제적으로 풍족하지 않아 먹을거리가 풍족하지 않은 개발도상국에서도 발생한다는 사실에서 앞서 이야기한 학설로는 설명이 어렵기 때문에 다른 가설이 제시되었다. 앞서 이야기한 바와 같이 현재를 사는 호모 사피엔스는 아직 구석기 시대의 몸을 가지고 있다. 구석기시대는 고단백질(high-protein), 저지방(low-fat) 및 저당(low-glucose)의 음식물을 소화하는 대사기능을 가지고 있어, 저단백질, 고지방, 고당의 음식물을 많이 섭취하여 비만이나 제2형 당뇨병이 생긴다는 것이다. 음식물의 구성성분의 급격한 변화에 대해 호모 사피엔스의 대사적 적응은 빠르지 못한 '진화적 부조화(evolutionary mismatch)'에 의해 당뇨병이 생긴다는 것이다.

비만, 고혈압 그리고 당뇨병의 발병기전은 의학적으로 매우 복잡하다. 한 가지 확실한 것은 이들 질병이 구석기 시대를 지나 현대에 이르면서 급격한 음식문화의 변화에 기인했다는 것이다. 미국 전체 인구의 16%, 아동 · 청소년의 20%가 비만인 실정이다. 2010년 미국의 영부인 미셸 오바마 여사는 국가의 장래를 위협할 수 있다고 보고 살과의 전쟁을 선포하였다. 그 대책 중의 하나가 '운동'을 하자는 것이다. 우리나라도 점점 비만인구가 증가하고 있다. 좋은 식습관을 유지하고 운동을 열심히 하는 길이 본인이 잘 사는 길이며 국가에 이바지하는 길이다.

6. 우울증

세계보건기구(WHO)에서 행한 연구에 의하면 2030년경에 선진국에서 호발할 가능성이 가장 높은 질환은 놀랍게도 우울증(depression)이며 개발도상국가에서는 두 번째로 호발할 질환으로 예측되었다. 심혈관질환, 치매, 당뇨병, 중풍 등을 제치고 사람에게서 우울증이 더 많이 발생한다는 예측이 나왔다. 왜 이런 연구 결과가 나왔을까?

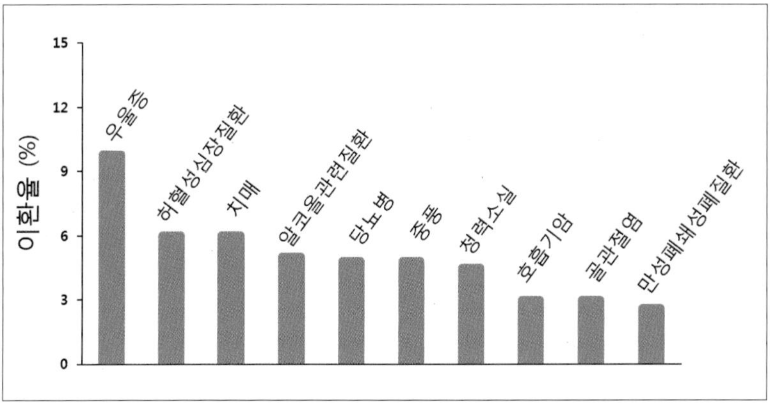

세계보건기구에서 실시한 연구로 2030년에 선진국에서 호발할 질환을 예측한 데이터임.

정신질환은 크게 신경증(neurosis)과 정신병(psychosis)으로 나눈다. 신경병증은 성격장애, 불안, 공포, 우울증 등이 포함되는 정서장애가 있다. 신경병증은 본인이 자신의 정신세계에 문제가 있다는 것을 인지하고 있다는 것이 특징이다. 반면에 조현병(schizophrenia)은 예전에 정신분열병으로 불리다 바뀐 것으로 정신병의 대표적인 질환이다. 정신병은 신경병증과는 달리 본인이 자신의 정신세계에 문제가 있다는 사실을 잘 인지하지 못한다는 특징이 있다.

이러한 신경증은 호모 사피엔스가 살아남기 위해 필요한 것이어서 발달되기 시작했지만 과도하게 반응하게 되어 질환 수준에 이르게 되었다. 대표적인 예가 공포이다. 호모 사피엔스가 살면서 뱀은 무서운 존재였기 때문에 지금까지도 대부분의 사람들은 뱀을 무서워하고 공포감을 느낀다. 만일 우리 조상들이 뱀을 무서워하지 않았다면 상당수는 독사에게 물려 죽었을 것이다. 불안과 공포는 살아남기 위해 필요한 정신기제였지만 급격한 사회 환경의 변화에 잘 적응하지 못해 병적인 수준까지 도달하게 되었다. 또한 사람의 진화 과정에서 생긴 행동과 관련된 유전적 변이도 정신질환이 발생하는 데 관련되어 있다.

우울증은 정서장애의 하나로 우울한 기분을 느끼고 슬픈 감정과 의욕저하 및 다양한 신체증상이 함께 나타난다. 우울증은 복잡해진 사회적 요인, 신체의 변화에 의한 생리학적 요인 및 심리적 요인 등 그 원인은 다양하지만, 급격한 사회 환경의 변화에 잘 적응하지 못한 것이 가장 큰 요인이다. 우울한 감정을 영장류도 경험한다고는 하지만 사람처럼 우울증이 심해져 자살에 이르는 정도는 아니다. 앞으로 사람이 사는 사회는 점점 더 복잡해지고 경쟁적으로 변하고 있다. 우리나라도 2030년이 되면 세계보건기구에서 예측한 것 즉 가장 호발할 질환이 우울증이라는 것에서 벗어나기 힘든 상황이다. 이러한 추세에서 많이 벗어나기는 힘들겠지만 OECD 국가 중 자살률 1위라는 오명은 벗어날 수 있는 길을 모색하여야 할 것이다.

역경을 이겨낸 호모 사피엔스

호모 사피엔스는 아프리카 숲에서 살다 초원에 살게 되면서 절박한 상황을 맞이했었다. 피할 곳이라고는 동굴 정도밖에 없었으며, 처음에는 힘도 없어 먹을거리를 구하는 데 많은 어려움을 겪었다. 다행히 호모 사피엔스는 두 발로 다닐 수밖에 없었고 이것이 지능이 발전하는 진화를 하게 하였으며 멸종할 수 있을 정도의 절박한 역경을 이겨냈다.

슈퍼컴퓨터가 지구의 환경을 모두 입력하고 가장 적합한 생명체를 도출해 본 결과 거미와 같이 축이 지면과 평행하고 여러 개의 발이 달린 생명체였다. 사람이 두 발로 걷고 뛰어다닌다는 사실은 생물학적으로는 특이함을 넘어서 괴상하다고까지 할 수 있다. 그러나 지금까지 살펴본 바와 같이, 초원에서 살게 된 호모 사피엔스는 다른 동물처럼 네 발로 다녀서는 살아남기 어려워 직립이라는 유별난 걸음걸이를 가지게 되었고 다른 몸 부위도 해부학적으로 유별난 구조를 가지게 되었다. 생물학적으로는 특이하고 유별나지만 호모 사피엔스로서는 최선의 선택이었던 것이다.

고래와 호모 사피엔스는 진화학적으로 매우 유사한 면이 있다. 바다에 사는 고래는 포유류이다. 포유류라면 마땅히 팔이나 다리를 가지고 있어야 하는데 팔다리 대신 지느러미를 가지고 있다. 포유류가 물고기처럼 지느러미를 가지고 있다니 얼마나 유별난 일인가?

여러 연구를 통하여 고래는 하마와 같은 조상임이 밝혀졌다. 고래의 조상은 바다로 가게 되었고 바다에서 다리의 발은 전혀 쓸모가 없어 없어졌으며 대신 물고기처럼 지느러미를 가지게 되었다. 이러한 변화를 수렴진화(convergence)라 하며, 이러한 수렴진화는 기원이 되는 기관은 다르지만 같은 환경에 적응하여 구조와 기능이 유사해지는 것을 말하며 다른 동물에서도 종종 관찰할 수 있는 현상이다. 고래도 호모 사피엔스처럼 바다라는 멸종할 수도 있는 절박한 환경을 잘 극복한 동물이다.

그래도 고래는 어류가 아닌 포유류라서 포유류임을 보여 주는 여러 가지가 남아 있다. 고래는 알을 낳지 않고 새끼를 낳고, 숨을 물속에서 쉬지 못하고 물 밖에 나와 숨을 쉰다. 한 가지 흥미로운 사실은 고래와 어류의 표가 되는 상어에서 물속을 다닐 때 행동에서도 뚜렷한 차이가 있다는 것이다. 고래의 꼬리지느러미는 상하운동을 하지만 상어는 좌우운동을 한다. 이러한 차이는 왜 생겼을까? 고래의 조상은 하마와 같이 육상에서 살았기 때문에 육상 포유류의 운동은 척추를 중심으로 앞뒤 운동 또는 위아래 운동을 하여 움직인다. 이와 같은 몸 축의 움직임은 고래가 되어서도 그대로 유지되어 고래의 꼬리지느러미는 상하운동을 하는 것이다. 고래는 역시 포유류인 것이다.

힘없는 호모 사피엔스는 초원에서 살기 위해서는 먹을거리를 운반할 수 있는 손이 필요했다. 손을 쓰기 위해서는 두 발로 서고 걸어 다닐 수 있어야 했다. 그러나 주변의 열매나 죽은 동물을 수집하는 것 가지고는 부족했다. 즉 살아있는 동물을 잡아서 먹어야 했을 것이다. 호모 사피엔스의 먹을거리가 될 만한 대부분의 동물은 민첩하고 빨랐다. 이 동물을 사냥하기 위해서 호모 사피엔스는 이 동물보다 더 민첩하고 빨라야 했지만 영장류에 속하는 호모 사피엔스는 한계가 있었다. 호모 사피엔스는 빠르지는 않지만 계속 뛸 수 있는 근육과 몸의 자세를 가지고 있어 두 발로 뛰어다니는 방향으로 진화를 했다.

두 발로 뛰어다니기 위해서는 많은 것이 필요하다. 뛰는 데 필요한 근육과 지치지 않는 심장도 필요하지만 넘어지지 않고 뛸 수 있도록 하려면 여러 신경계가 동원되어야 한다. 신경계의 발달 없이는 불가능하다. 호모 사피엔스는 두 발로 서서 다님으로 해서 머리뼈 속에 크고 무거운 뇌를 가지고 있어도 문제가 되지 않아 뇌의 발달이 이루어질 수 있는 터전이 마련되었고, 혹독한 초원에서 뇌가 커져 뛰어 다닐 정도의 신경계를 가지게 되고 영리해진 호모 사피엔스만이 살아남게 되었다.

최근에 과학이 눈부시게 발전하여 간단한 작업을 할 수 있고, 걷거나 뛰는 로봇까지 등장하고 있다. 그러나 빨리 뛰는 로봇은 네 발 달린 동물의 구조를 하고 있고, 한국에서 개발된 휴보도 아직 평지를 걸을 수 있지만 산 속 같이 울퉁불퉁한 곳을 걷거나 뛰어다닐 수는 없다.

한국 KAIST에서 개발한 아인슈타인 휴보

사람이 평지가 아닌 산 속 같이 험한 곳도 뛰어다닐 수 있으려면 여러 가지가 필요하다. 사람의 귀 속에는 평형감각기관이 있다. 회전 움직임을 감지하는 세반고리관과 위아래 및 앞뒤 좌우의 몸 움직임을 감지하는 안뜰기관에서 뇌에 정보를 보낸다. 걷거나 뛸 때 눈은 보이는 광경이 변하는 것을 보고 몸의 기울어짐을 파악하고 이 정보를 대뇌 뿐 만 아니라 평형감각기관의 정보가 모이는 중추신경으로도 연결된다. 또한 근육은 운동을 위한 기관이지만 근육 속에는 근육이 늘어나는 정도와 장력을 감지하는 감각신경이 분포하여 근육의 운동 상태를 대뇌나 소뇌에 보내 다리 근육을 비롯한 몸의 근육을 넘어지지 않고 뛸 수 있게 해 주는 것이다.

언젠가는 과학의 발전으로 산 속을 두 발로 뛰어다니는 로봇이 만들어 지는 날이 올 것이다. 그러나 사람처럼 잘 뛰어 다니는 로봇을 만들려면 천문학적인 숫자의 비용이 들 것이다. 알파고 같은 대단한 인공지능이 출현하는 시대이기는 하지만 창조적인 생각을 하고 노래를 부르고 울고 웃고 하는 로봇을 만드는 것은 불가능할지도 모른다. 포유류인 고래가 지느러미를 가지게 유별난 진화를 한 것처럼 호모 사피엔스도 척박한 새로운 환경에 잘 적응한 유별나지만 경이로운 존재인 것이다.

여기서 한 가지 생각해 볼 것이 있다. 과연 호모 사피엔스가 생물 중에서 가장 잘난 동물인가 하는 것이다. 현재 우리 사람이 생태계에서 가장 꼭대기에 위치하고 있다. 발달된 지능으로 문화, 예술, 과학 등 다른 동물들은 감히 상상할 수 없는 일을 해 내었기 때문에 사람이 가장 위대하다고 볼 수 있다. 그러나 모든 생명체는 환경에 잘 적응하도록 진화한 경이로운 존재인 것이다.

전기뱀장어는 전기를 만들어 내는 유별난 동물이며, 포유류인 박쥐는 포유류임에도 불구하고 날개를 가지고 있어 날아다닐 수 있고 초음파를 생성하여 물체를 인지할 수 있다. 지구상의 동물을 유심히 살펴보면 사람처럼 유별난 종들이 꽤 있다. 단지 대부분의 동물들이 생물학적으로 눈에 뜨이는 특이한 진화과정을 거치지 않았을 뿐이므로 모든 생명체는 경이로운 존재들이다. 우리 사람이 생물 중에 가장 위대한 동물인가 아닌가 하는 문제는 독자의 몫이다.

유별난 호모 사피엔스 | 맺음말

대학생 시절에 진화와 관련된 책으로 데즈먼드 모리스의 〈털없는 원숭이〉를 읽고 감명을 받았고, 그의 주장을 대부분 옳다고 보았다. 그래서 처음 쓰려고 계획했을 당시에 책의 제목은 '희한한(괴상한) 사람의 몸(Bizarre Human Body)'이었다. 이는 사람의 몸이 다른 동물과는 많이 다른데 그것이 생물학적으로는 이상한 것이라 긍정적인 면보다는 약간은 부정적인 시각을 가지고 있었기 때문이었다.

그러나 책을 쓰기 시작하여 여러 문헌을 공부하고 나름대로 이론을 정립하면서 생각이 바뀌었다. 호모 사피엔스의 유별난 진화 양상은 결코 희한하거나 괴상하지 않다. 우리 조상들이 살던 환경과 상황에서 살아남기 위해 최선의 적응을 한 것이다. 그래서 희한한 사람의 몸에서 '유별난 호모 사피엔스'로 바꾸었다.

호모 사피엔스는 영장류이지만 울창한 숲이 없는 초원에서 살게 되면서 절박한 상황에 놓이게 되었다. 이를 극복하기 위해서는 다른 동물보다는 특이하고 유별난 진화과정을 거칠 수밖에 없었다. 몸에 털은 없어졌지만 머리털은 길어졌다. 손을 사용하기 위하여 직립을 하게 되었고 뇌가 커지게 되었다. 커진 뇌와 자유로워진 손은 인류가 번성할 수 있는 중요한 전환점이 되었다.

다른 동물에게는 있는 배란 신호도 은폐되는 일이 벌어지고 수유가 아닌데도 젖가슴이 부풀게 되었다. 이외에도 다른 동물과 다른 특이한 몸의 구조를 하고 있는 것 같지만 자세히 살펴보면 호모 사피엔스가 잘 살아남을 수 있는 적합한 구조를 가지고 있는 것이다. 호모 사피엔스는 달에 사람을 보낼 정도로 매우 영특하고, 아무리 험한 지형이라도 두 발로 뛰어 다닐 수 있는 유별나지만 경이로운 존재이다. 이렇게 다른 동물보다 뛰어난 면이 있는 반면에 이로 인한 특이한 질병도 발생하는 대가를 치르고 있기도 하다.

그러나 여기서 심각하게 생각해 볼 문제가 있다. 과연 우리 사람이 공룡처럼 멸종하지 않고 계속 살아남을까 하는 것이다. 부케티츠는 〈자연의 재앙, 인간〉에서 최근인 인류 역사를 되돌아보면서 우리 사람이 멸종할 수 있다고 경고하였다. 인간의 역사가 진보라고 착각하고 있으며 무분별한 개발과 끊임없는 전쟁으로 지구를 황폐화시켜서 점점 자멸의 길로 빠져들고 있다고 하였다. 반면에 미래학자 호세 코르데이로는 과학 특히 의학의 발전으로 장기를 교체하여 장수를 누리고 다른 행성까지 진출하게 된다고 하였다. 최근에는 노동은 인공지능(AI)이 하고 사람은 예술 등 원하는 것을 하는 시대가 온다고 긍정적인 예측을 하였다. 누구의 말이 옳은지는 두고 볼 일지만, 결코 인류의 미래가 밝다고만은 볼 수 없다.

지금까지 이야기한 내용은 어떤 것들은 입증이 된 사실로 내용이 바뀌지 않겠지만, 상당 부분은 정확한 증거 없이 제시한 가설이나 이론에 머물러 있다. 이런 부분은 과학이 발전하거나 아니면 이미 알려져 있지만 필자의 지식이 짧거나 미쳐 파악을 하지 못하여 기술한 내용이 오류로 판명 날 가능성은 얼마든지 있다. 독자들이 정확한 근거를 제시하면서 이 책에 기술된 내용 중 오류를 찾아 알려주면 다음 개정판에서는 반드시 오류를 바로 잡을 것이다. 또한 과학의 발전으로 필자의 주장이 잘못된 것으로 확인된다면 이것도 기꺼운 마음으로 개정판에서 바로 잡을 것이다(연락처: yhlee@cnu.ac.kr, yhlee104@gmail.com).

유별난
호모
사피엔스

참고문헌
도판의 출처

| 참고문헌 |

1부. 이목구비에 숨겨진 비밀

▶ 눈에 반사판이 없는 호모 사피엔스

Moore KL, Dalley AF, Agur AMR. Moore Clinically Oriented Anatomy. 7th ed., Lippincott Williams & Wilkins/Wolters Kluwer Health Inc., 2013.

Dyce KM, Sack WO, Wensing CJG. Textbook of Veterinary Anatomy, 4th ed., Elsevier, 2010.

Ollivier FJ, Samuelson DA, Brooks DE, Lewis PA, Kallberg ME, Komaromy AM. Comparative morphology of the tapetum lucidum (among selected species). Vet Ophthalmol 7:11-22, 2004.

Tomasello M, Hare B, Lehmann H, Call J. Reliance on head versus eyes in the gaze following of great apes and human infants: the cooperative eye hypothesis. J Hum Evol 52:314-20, 2007.

Kobayashi, H, Kohshima, S. Unique morphology of the human eye. Nature 387:767-8, 1997.

Provine RR, Cabrera MO, Nave-Blodgett J. Red, yellow, and super-white sclera: uniquely human cues for healthiness, attractiveness, and age. Hum Nat 24:126-36, 2013.

▶ 사람 눈에는 왜 흰자위가 있을까?

조직학교재편찬위원회. 사람조직학. 제7판, 고문사, 2012.

Tomasello M, Hare B, Lehmann H, Call J. Reliance on head versus eyes in the gaze following of great apes and human infants: the cooperative eye hypothesis. J Hum Evol 52:314-20, 2007.

Kobayash H, Kohshima S. Unique morphology of the human eye and its adaptive meaning: comparative studies on external morphology of the primate eye. Journal of Human Evolution 40:419-35, 2001.

Schmitz L, Motani RL. Morphological differences between the eyeballs of nocturnal and diurnal amniotes revisited from optical perspectives of visual environments. Vision Res 50:936-46, 2010.

▶ 안경잡이 호모 사피엔스

Moore KL, Dalley AF, Agur AMR. Moore Clinically Oriented Anatomy. 7th ed., Lippincott Williams & Wilkins, 2013.

Wu LJ, You QS, Duan JL, Luo YX, Liu LJ, Li X, Gao Q, Zhu HP, He Y, Xu L, Jonas JB, Wang W, Guo XH. Prevalence and associated factors of myopia in high-school students in Beijing. PLoS One 10:e0120764, 2005.

Muhamedagic L, Muhamedagic B, Halilovic EA, Halimic JA, Stankovic A, Muracevic B. Relation between near work and myopia progression in student population. Mater Sociomed 26:100-3, 2014.

Hornbeak DM, Young TL. Myopia genetics: a review of current research and emerging trends. Curr Opin Ophthalmol 20:356-62, 2009.

Strenk SA, Strenk LM, Koretz JF. The mechanism of presbyopia. Prog Retin Eye Res 24:379-93, 2005.

Http://www.nature.com/news/the-myopia-boom-1.17120.

▶ 사람의 먼 조상은 두더지류이었다!

Hart NS, Hunt DM. Avian visual pigments: characteristics, spectral tuning, and evolution. Am Nat 169:S7-26, 2007.

Yokoyama S, Xing J, Liu Y, Faggionato D, Altun A, Starmer WT. Epistatic adaptive evolution of human color vision. PLoS Genet 10:e1004884, 2014.

Marshall J, Arikawa K. Unconventional colour vision. Curr Biol 24:R1150-4, 2014.

Jacobs GH. The evolution of vertebrate color vision. Adv Exp Med Biol 739:156-72, 2012.

▶ 오뚝한 콧날

Moore KL, Dalley AF, Agur AMR. Moore Clinically Oriented Anatomy. 7th ed., Lippincott Williams & Wilkins/Wolters Kluwer Health Inc., 2013.

Mikalsen SK, Folstad I, Yoccoz NG, Laeng B. Mikalsen SK, Folstad I, Yoccoz NG, Laeng B. The spectacular human nose: an amplifier of individual quality? PeerJ 2:e357, 2014.

Nishimura T, Mori F, Hanida S, Kumahata K, Ishikawa S, Samarat K, Miyabe-Nishiwaki T, Hayashi M, Tomonaga M, Suzuki J, Matsuzawa T, Matsuzawa T. Impaired air conditioning within the nasal cavity in flat-faced homo. PLoS Comput Biol 12:e1004807, 2016.

Song WC, Yun KH, Koh KS. Facial flatness of Korean: using facial depth. Korean J Anat 36:499-506, 2003.

Han SK. Surgical anatomy of Korean nose. J Korean Soc Aesthetic Plast Surg 11:1-9, 2005.

▶ 사람은 왜 잘 때 코를 잘 골까?

Moore KL, Dalley AF, Agur AMR. Moore Clinically Oriented Anatomy. 7th ed., Lippincott Williams & Wilkins/Wolters Kluwer Health Inc., 2013.

Falk D. Comparative anatomy of the larynx in man and the chimpanzee: implications for language in Neanderthal. Am J Phys Anthropol 43:123-32, 1975.

Gelardi M, Quaranta N, Passalacqua G. When sneezing indicates the cell type. Int Forum Allergy Rhinol 3:393-8, 2013.

Coquerelle M, Prados-Frutos JC, Rojo R, Mitteroecker P, Bastir M. Short faces, big tongues: developmental origin of the human chin. PLoS One 8:e81287, 2013.

▶ 가청 주파수 영역대가 좁은 호모 사피엔스

Moore KL, Dalley AF, Agur AMR. Moore Clinically Oriented Anatomy. 7th ed., Lippincott Williams & Wilkins/Wolters Kluwer Health Inc., 2013.

Heffner HE, Heffner RS. Hearing ranges of laboratory animals. J Am Assoc Lab Anim Sci 46:20-2, 2007.

Peck JE. Development of hearing. Part I: Phylogeny. J Am Acad Audiol 5:291-9, 1994.

Heffner RS. Primate hearing from a mammalian perspective. Anat Rec A Discov Mol Cell Evol Biol 281:1111-22, 2004.

▶ 빨간 앵두 같은 입술

조직학교재편찬위원회. 사람조직학. 제7판, 고문사, 2012.

데즈먼드 모리스. 털없는 원숭이. 문예춘추사, 2006.

Hong SJ, Lee YJ, Kim YS, Lee SK, Chi JG. Prenatal development of human lip with immunohistochemical study. Korean J Pathol 36:212-21, 2002.

Avery JK, Steele PF, Avery N. Oral development and histology. Stuttgart, Thieme Medical Publishers, 2002.

Ha RY, Nojima K, Adams WP Jr, Brown SA. Analysis of facial skin thickness: defining the relative thickness index. Plast Reconstr Surg 115:1769-73, 2005.

Snell RS. Clinical Neuroanatomy. 7th ed., Lippincott Williams & Wilkins/Wolters Kluwer Health Inc., 2010.

▶ 하품은 왜 나오나?

Senju A. Developmental and comparative perspectives of contagious yawning. Front Neurol Neurosci 28:113-9, 2010.

Massen JJ, Dusch K, Eldakar OT, Gallup AC. A thermal window for yawning in humans: yawning as a brain cooling mechanism. Physiol Behav 130:145-8, 2014.

Moore KL, Dalley AF, Agur AMR. Moore Clinically Oriented Anatomy. 7th ed., Lippincott Williams & Wilkins, 2013.

Snell RS. Clinical Neuroanatomy. 7th ed., Lippincott Williams & Wilkins/Wolters Kluwer

Health Inc., 2010.

Palagi E, Leone A, Mancini G, Ferrari PF. Contagious yawning in gelada baboons as a possible expression of empathy. Proc Natl Acad Sci U S A 106:19262-7, 2009.

Thompson SB. Yawning, fatigue, and cortisol: expanding the Thompson Cortisol Hypothesis. Med Hypotheses 83:494-6, 2014.

Corey TP, Shoup-Knox ML, Gordis EB, Gallup GG Jr. Changes in physiology before, during, and after yawning. Front Evol Neurosci 3:7, 2012.

▶ 드라큘라는 우리 조상의 모습이다.

Moore KL, Dalley AF, Agur AMR. Moore Clinically Oriented Anatomy. 7th ed., Lippincott Williams & Wilkins, 2013.

Ruta M, Botha-Brink J, Mitchell SA, Benton MJ. The radiation of cynodonts and the ground plan of mammalian morphological diversity. Proc Biol Sci 280:20131865, 2013.

Wood BA. Tooth size and shape and their relevance to studies of hominid evolution. Philos Trans R Soc Lond B Biol Sci 292:65-76, 1981.

Ramiro-Verdugo J, De Vicente-Corominas E, Montiel-Company JM, Gandía-Franco JL, Bellot-Arcís C. Association between third molar agenesis and craniofacial structure development. Am J Orthod Dentofacial Orthop 148:799-804, 2015.

Jung YH, Cho BH. Prevalence of missing and impacted third molars in adults aged 25 years and above. Imaging Sci Dent 43:219-25, 2013.

2부. 섹시한 호모 사피엔스

▶ 사람은 왜 수유기가 아닌데도 젖가슴이 부풀어 있나?

데즈먼드 모리스. 털없는 원숭이. 문예춘추사, 2006.

데즈먼드 모리스. 바디워칭. 범양출반부, 1978

Moore KL, Dalley AF, Agur AMR. Moore Clinically Oriented Anatomy. 7th ed., Lippincott Williams & Wilkins/Wolters Kluwer Health Inc., 2013.

Cant JGH. Hypothesis for the evolution of human breast and buttocks. Am Nat 117:99-204, 1981.

▶ 몽땅한 젖꼭지와 착색된 젖꽃판

데즈먼드 모리스. 털없는 원숭이. 문예춘추사, 2006.

조직학교재편찬위원회. 사람조직학. 제7판, 고문사, 2012.

Schaal B. Mammary odor cues and pheromones: mammalian infant-directed communication about maternal state, mammae, and milk. Vitam Horm 83:83-136, 2010.

Schaal B, Coureaud G, Doucet S, Delaunay-El Allam M, Moncomble AS, Montigny D, Patris B, Holley A. Mammary olfactory signalisation in females and odor processing in neonates: ways evolved by rabbits and humans. Behav Brain Res 200:346-58, 2009.

▶ 왜 동양인보다 서양인의 젖가슴이 큰가?

Young VL, Nemecek JR, Nemecek DA. The efficacy of breast augmentation: Breast size increase, patient satisfaction, and psychological effects. Plast Reconstr Surg 94: 958-69, 1994.

Gluckman G, Beedle A, Hanson M. Principles of evolutionary medicine. Oxford University Press, 2009.

▶ 사람에게서 배란기 신호는 왜 없어졌나?

제레드 다이아몬드. 제3의 침팬지. 문학사상사, 1996

Moore K, Persaud TVN, Torchia M. The developing human. 10th ed., Elsevier, 2016.

Smith TD, Laitman JT, Bhatnagar KP. The shrinking anthropoid nose, the human vomeronasal organ, and the language of anatomical reduction. Anat Rec 297:2196-204, 2014.

Trotier D. Vomeronasal organ and human pheromones. Eur Ann Otorhinolaryngol Head Neck Dis 128:184-90, 2011.

Tirindelli R, Dibattista M, Pifferi S, Menini A. From pheromones to behavior. Physiol Rev 89:921-56, 2009.

Marlowe FW. Is human ovulation concealed? Evidence from conception beliefs in a hunter-gatherer society. Arch Sexl Behav 33:427-32, 2004.

▶ 사람의 음경에는 왜 음경뼈가 없나?

제레드 다이아몬드. 제3의 침팬지. 문학사상사, 1996

리처드 도킨스. 이기적 유전자. 을유문화사, 2010.

Stockley P. The baculum. Curr Biol 22:R1032-3, 2012.

Simmons LW, Firman RC. Experimental evidence for the evolution of the Mammalian baculum by sexual selection. Evolution 68:276-83, 2014.

Hsieh CH, Liu SP, Hsu G, Chen HS, Molodysky E, Chen YH, Yu HJ. Advances in understanding of mammalian penile evolution, human penile anatomy and human erection physiology: clinical implications for physicians and surgeons. Med Sci Monit 18:118-25. 2012.

▶ 색을 밝히는 호모 사피엔스

도정일, 최재천. 대담. 휴머니스트, 2005.

Gould SJ. The exaptive excellence of spandrels as a term and prototype. Proc Natl Acad Sci U S A. 94:10750-5, 1997.

Bancroft J. The endocrinology of sexual arousal. J Endocrinol 186:411-27, 2005.

3부. 희한한 사람의 피부와 털

▶ 털없는 원숭이

데즈먼드 모리스. 털없는 원숭이. 문예춘추사, 2006.

조직학교재편찬위원회. 사람조직학. 제7판, 고문사, 2012.

Wright PG. Why do elephants flap their ears? S Afr J Zool 19:266-69, 1984

Folk GE Jr, Semken HA Jr. The evolution of sweat glands. Int J Biometeorol 35:180-6, 1991.

Ruxton GD, Wilkinson DM. Avoidance of overheating and selection for both hair loss and bipedality in hominins. Proc Natl Acad Sci U S A 108:20965-9, 2011.

Lieberman DE. Human locomotion and heat loss: an evolutionary perspective. Compr Physiol 5:99-117, 2015.

▶ 남자와 여자의 털

조직학교재편찬위원회. 사람조직학. 제7판, 고문사, 2012.

Randall VA. Androgens and hair growth. Dermatol Ther 21:314-28, 2008.

Nakdimen KA. The physiognomic basis of sexual stereotyping. Am J Psychiatry 141:499-503, 1984.

▶ 옷을 입고 사는 호모 사피엔스

Toups MA, Kitchen A, Light JE, Reed DL. Origin of clothing lice indicates early clothing use by anatomically modern humans in Africa. Mol Biol Evol 28:29-32, 2011.

Haviland WA. Human evolution and prehistory. 3rd ed., Harcourt Bace College Publishers, 1994.

Balter M. Archaeology. Clothes Make the (Hu) Man. Science 325:1329, 2009.

▶ 사람은 왜 머리털을 자르고 사나?

데즈먼드 모리스. 바디워칭. 범양출반부, 1978.

Jp Medical Pub. Textbook of hair and hair disorders. Jp Medical Pub, 2014.

Araujo R, Fernandes M, Cavaco-Paulo A, Gomes A. Biology of human hair: know your hair to control it. Adv Biochem Eng Biotechnol 125:121-43, 2011.

Tobin DJ. Human hair pigmentation–biological aspects. Int J Cosmet Sci 30:233-57, 2008.

Jablonski NG, Chaplin G. The evolution of human skin coloration. J Hum Evol 39:57-106, 2000.

Norton HL, Kittles RA, Parra E, McKeigue P, Mao X, Cheng K, Canfield VA, Bradley DG, McEvoy B, Shriver MD. Genetic evidence for the convergent evolution of light skin in europeans and east asians. Mol Biol Evol 24:710-22, 2006.

▶ 겨드랑이털과 음부털

Moore KL, Dalley AF, Agur AMR. Moore Clinically Oriented Anatomy. 7th ed., Lippincott Williams & Wilkins/Wolters Kluwer Health Inc., 2013.

조직학교재편찬위원회. 사람조직학. 제7판, 고문사, 2012.

Jp Medical Pub. Textbook of hair and hair disorders. Jp Medical Pub, 2014.

Nakano M, Miwa N, Hirano A, Yoshiura K, Niikawa N. A strong association of axillary osmidrosis with the wet earwax type determined by genotyping of the ABCC11 gene. BMC Genet 10:42, 2009.

▶ 흰 머리털은 왜 생기나?

Westgate GE, Botchkareva NV, Tobin DJ. The biology of hair diversity. Int J Cosmet Sci 35:329-36, 2013.

Tobin DJ, Paus R. Graying: gerontobiology of the hair follicle pigmentary unit. Exp Gerontol 36:29-54, 2001.

Nishimura EK, Granter SR, Fisher DE. Mechanisms of hair graying: incomplete melanocyte stem cell maintenance in the niche. Science 307:720-4, 2005.

Inomata K, Aoto T, Binh NT, Okamoto N, Tanimura S, Wakayama T, Iseki S, Hara E, Masunaga T, Shimizu H, Nishimura EK. Genotoxic stress abrogates renewal of melanocyte stem cells by triggering their differentiation. Cell 137:1088-99, 2009.

Choi HI, Choi GI, Kim EK, Choi YJ, Sohn KC, Lee Y, Kim CD, Yoon TJ, Sohn HJ, Han SH, Kim S, Lee JH, Lee YH. Hair greying is associated with active hair growth. Br J Dermatol 165:1183-9, 2011.

▶ 대머리(남성형 탈모)는 왜 생기나?

Trueb RM, Tobin DJ. Aging hair. Spinger, 2010.

Randall VA. Androgens and hair growth. Dermatol Ther 21:314-28, 2008.

Kaliyadan F, Nambiar A, Vijayaraghavan S. Androgenetic alopecia: an update. Indian J

Dermatol Venereol Leprol 79:613-25, 2013.

Inui S, Itami S. Androgen actions on the human hair follicle: perspectives. Exp Dermatol 22:168-71, 2012.

▶ 가마가 두 개인 남자는 두 번 장가를 간다?

Rahman Q, Clarke K, Morera T. Hair whorl direction and sexual orientation in human males. Behav Neurosci 123:252-6, 2009.

Perelle IB, Ehrman L, Chanza M. Human handedness and scalp hair whorl direction: no evidence for a common cause. Laterality 14:95-101, 2009.

Klar AJ. Excess of counterclockwise scalp hair-whorl rotation in homosexual men. J Genet 83:251-5, 2004.

Alexander RC, Breslin N, Molnar C, Richter J, Mukherjee S. Counter clockwise scalp hair whorl in schizophrenia. Biol Psychiatry 32:842-5, 1992.

Wang Y, Chang H, Nathans J. When whorls collide: the development of hair patterns in frizzled 6 mutant mice. Development 137:4091-9, 2010.

▶ 눈썹이 있는 이유

데즈먼드 모리스. 털없는 원숭이. 문예춘추사, 2006.

Moore KL, Dalley AF, Agur AMR. Moore Clinically Oriented Anatomy. 7th ed., Lippincott Williams & Wilkins/Wolters Kluwer Health Inc., 2013.

Joseph Jordania. Why do people sing? Music in human evolution, chapter I can see you! Eyespots in Humans. Logos, 2011.

Sadr J, Jarudi I, Sinha P. The role of eyebrows in face recognition. Perception 32:285-93, 2003.

4부. 호모 사피엔스의 환희와 비애

▶ 우리의 조상들은 왜 숲이 아닌 초원에서 살게 되었나?

이언 태터솔. 인간되기. 해나무, 2007.

제레드 다이몬드. 왜 인간의 조상이 침팬지인가. 문학사상, 2015.

Lovejoy CO. The origin of man. Science 211:341-50, 1981.

Cerling TE, Wynn JG, Andanje SA, Bird MI, Korir DK, Levin NE, Mace W, Macharia AN, Quade J, Remien CH. Woody cover and hominin environments in the past 6 million years. Nature 476:51-6, 2011.

▶자유로워진 손

유발 하라리. 사피엔스. 김영사, 2015

Kiernan JA, Rajakumar N. Barr's The human nervous system: an anatomical viewpoint. 10the ed., Lippincott Williams & Wilkins, 2014.

Richmond BG, Strait DS. Evidence that humans evolved from a knuckle-walking ancestor. Nature 404:382-5, 2000.

Reghem E, Cheze L, Coppens Y, Pouydebat E. Unconstrained 3D-kinematics of prehension in five primates: lemur, capuchin, gorilla, chimpanzee, human. J Hum Evol 65:303-12, 2013.

▶ 사람은 왜 오른손잡이가 훨씬 많은가?

Snell RS. Clinical Neuroanatomy. 7th ed., Lippincott Williams & Wilkins/Wolters Kluwer Health Inc. 2010.

Corballis MC. Left brain, right brain: facts and fantasies. PLoS Biol 12:e1001767, 2014.

Corballis MC. The evolution and genetics of cerebral asymmetry. Philos Trans R Soc Lond B Biol Sci 364:867-79, 2009.

Ocklenburg S, Güntürkün O. Head-turning asymmetries during kissing and their association with lateral preference. Laterality 14:79-85, 2009.

McManus IC, Davison A, Armour JA. Multilocus genetic models of handedness closely resemble single-locus models in explaining family data and are compatible with genome-wide association studies. Ann N Y Acad Sci 1288:48-58, 2013.

Armour JA, Davison A, McManus IC. Genome-wide association study of handedness excludes simple genetic models. Heredity 112:221-5, 2014.

Smith LL, Hines M. Language lateralization and handedness in women prenatally exposed to diethylstilbestrol (DES). Psychoneuroendocrinology 25:497-512, 2000.

Vallortigara G. Handedness: what kangaroos tell us about our lopsided brains. Curr Biol 25:R672-4, 2015.

▶ 우리는 어떻게 영리해졌나?

Moore KL, Dalley AF, Agur AMR. Moore Clinically Oriented Anatomy. 7th ed., Lippincott Williams & Wilkins/Wolters Kluwer Health Inc., 2013.

Snell RS. Clinical Neuroanatomy. 7th ed., Lippincott Williams & Wilkins/Wolters Kluwer Health Inc., 2010.

Lessler J, Chaisson LH, Kucirka LM, Bi Q, Grantz K, Salje H, Carcelen AC, Ott CT, Sheffield JS, Ferguson NM, Cummings DA, Metcalf CJ, Rodriguez-Barraquer I. Assessing the global threat from Zika virus. Science pii: aaf8160, 2016.

Penin X, Berge C, Baylac M. Ontogenetic study of the skull in modern humans and the common chimpanzees: neotenic hypothesis reconsidered with a tridimensional Procrustes analysis. Am J Phys Anthropol 118:50-62, 2002.

Crivellato E, Ribatti D. Soul, mind, brain: Greek philosophy and the birth of neuroscience. Brain Res Bull 71:327-36, 2007.

▶ 수상학을 믿는 어리석은 사람들

이정래. 상학진전. 우정출판사, 1884.

Moore KL, Dalley AF, Agur AMR. Moore Clinically Oriented Anatomy. 7th ed., Lippincott Williams & Wilkins/Wolters Kluwer Health Inc., 2013.

Kimura S, Schaumann BA, Shiota K. Comparative investigations of human and rat dermatoglyphics: palmar, plantar and digital pads and flexion creases. Anat Sci Int 77:34-46, 2002.

Rajangam S, Janakiram S, Thomas IM. Dermatoglyphics in Down's syndrome. J Indian Med Assoc 93:10-3, 1995.

▶ 호모 사피엔스와 네안데르탈인

윤신영. 사라져가는 것들의 안부를 묻다. MID, 2014.

이상희, 윤신영. 인류의 기원. 사이언스북스, 2015.

Harvati K, Hublin JJ, Gunz P. Evolution of middle-late Pleistocene human cranio-facial form: a 3-D approach. J Hum Evol 59:445-64, 2010.

Pearce E, Stringer C, Dunbar RI. New insights into differences in brain organization between Neanderthals and anatomically modern humans. Proc Biol Sci 280:20130168, 2013.

Benítez-Burraco A, Boeckx C. Possible functional links among brain- and skull-related genes selected in modern humans. Front Psychol 6:794, 2015.

Bruner E, Holloway RL. A bivariate approach to the widening of the frontal lobes in the genus Homo. J Hum Evol 58:138-46, 2010.

Johansson S. Neanderthals did speak, but FOXP2 doesn't prove it. Behav Brain Sci 37:558-9, 2014.

Deaner RO, Isler K, Burkart J, van Schaik C. Overall brain size, and not encephalization quotient, best predicts cognitive ability across non-human primates. Brain Behav Evol 70:115-24, 2007.

▶ 냄새를 잘 못 맡는 호모 사피엔스

Kiernan JA, Rajakumar N. Barr's The human nervous system: an anatomical viewpoint. 10the ed., Lippincott Williams & Wilkins, 2014.

Dyce KM, Sack WO, Wensing CJG. Textbook of Veterinary Anatomy, 4th ed., Elsevier, 2010.

Buck L, Axel R. A novel multigene family may encode odorant receptors: a molecular basis for odor recognition. Cell 65:175-87, 1991.

Trotier D. Vomeronasal organ and human pheromones. Eur Ann Otorhinolaryngol Head Neck Dis 128:184-90, 2011.

▶ 심한 출산의 고통

대한산부인과학회. 산부인과학 지침과 개요. 군자출판사, 2010.

Drake RL, Vogl AW, Mitchell AWM. Gray's anatomy for students. 2nd ed., Churchill Lininstone, 2010.

Gluckman G, Beedle A, Hanson M. Principles of evolutionary medicine. Oxford University Press, 2009.

▶ 호모 사피엔스에게 특이하게 나타나는 병

마이클 L. 파워, 제이 슐킨. 비만의 진화, 컬처룩, 2014.

Tillmanns H. A textbook of surgery. Springer, 2010.

Moore KL, Dalley AF, Agur AMR. Moore Clinically Oriented Anatomy. 7th ed., Lippincott Williams & Wilkins/Wolters Kluwer Health Inc., 2013.

Snell RS. Clinical Neuroanatomy. 7th ed., Lippincott Williams & Wilkins/Wolters Kluwer Health Inc., 2010.

Laurin M, Everett ML, Parker W. The cecal appendix: one more immune component with a function disturbed by post-industrial culture. Anat Rec (Hoboken) 294:567-79, 2011.

Kooij IA, Sahami S, Meijer SL, Buskens CJ, Te Velde AA. The immunology of the vermiform appendix: a review of the literature. Clin Exp Immunol 186:1-9, 2016.

Smyth S, Heron A. Diabetes and obesity: the twin epidemics. Nat Med 12:75-80, 2006.

Mathers CD, Loncar D. Projections of global mortality and burden of disease from 2002 to 2030. PLoS Med 3:e442, 2006.

▶ 역경을 이겨낸 호모 사피엔스

Snell RS. Clinical Neuroanatomy. 7th ed., Lippincott Williams & Wilkins/Wolters Kluwer Health Inc., 2010.

Geisler JH, Theodor JM. Hippopotamus and whale phylogeny. Nature 458:E1-4, 2009.

Kiely J, Collins DJ. Uniqueness of human running coordination: The integration of modern and ancient evolutionary innovations. Front Psychol 7:262, 2016.

Szondy D. South Korea's teams KAIST wins 2015 DARPA robotic challenge. Gizmag, 2015.

Web site: http://www.gizmag.com/darpa-drc-finals-2015-results-kaist-win/37914/

| 도판의 출처 |

표지 앞 (C) Eric Isselee/Shutterstock.com
뒤 (C) The Last Word/Shutterstock.com

1부 이목구비에 숨겨진 비밀

17쪽 위쪽 CC-BY SanGatiche
23쪽 아래 왼쪽 CC-BY-SA theilr
28쪽 아래쪽 (C) Alila Medical Media/Shutterstock.com
39쪽 위쪽 (C) smileus/123rf.com
57쪽 CC BY-SA Thesupermat
66쪽 위쪽 CC-BY Africa Force
아래쪽 (C) Serpeblu/123rf.com

2부 섹시한 호모 사피엔스

76쪽 CC BY-SA Yaan
92쪽 CC BY-SA Mamoritai
99쪽 위쪽 CC BY-SA Dider Descouens
100쪽 (C) PominOz/Shutterstock.com
103쪽 (C) Lisa S/Shutterstock.com

3부 희한한 사람의 피부와 털

127쪽 CC BY-SA Marianne Ernst
131쪽 CC BY-SA Genusfotografen & Wikimedia Sverige
138쪽 위쪽 (C) Budimir Jevtic/Shutterstock.com
중간 (C) Volodymyr Tvedokhlib/Shutterstock.com
144쪽 (C) Aloysius Patrimonio/123rf.com
147쪽 왼쪽 CC BY-SA NoJhan
오른쪽 (C) Alex Mit/Shutterstock.com
153쪽 아래쪽 CC BY-SA San Sharma

4부 호모 사피엔스의 환희와 비애

161쪽 (C) Jovica Antoski/123rf.com
167쪽 (C) Pete Cruickshank/123rf.com
170쪽 (C) rohappy/123rf.com
173쪽 (C) rido/123rf.com

176쪽 (C) William Roberts/123rf.com
178쪽 (C) lukaves/123rf.com
184쪽 CC BY-SA WurdBendur
188쪽 위쪽 CC BY-SA hairymuseummatt, DrMikeBaxier
197쪽 위쪽 (C) langstrup/123rf.com
205쪽 (C) nixki/Shutterstock.com
207쪽 (C) Jose Luis Calvo/Shutterstock.com
208쪽 CC BY BruceBlaus
210쪽 (C) fffranz/123rf.com
218쪽 CC BY David Hanson